JIZHONGSHI GUANGFU FADIAN GONGCHENG
SHEJI GUIFAN

集中式光伏发电工程
设计规范

北京能源集团有限责任公司　组编

北京京能能源技术研究有限责任公司　主编

U0381707

中国电力出版社
CHINA ELECTRIC POWER PRESS

图书在版编目（CIP）数据

集中式光伏发电工程设计规范 / 北京能源集团有限
责任公司，北京京能能源技术研究有限责任公司组编.
北京：中国电力出版社，2024. 12. -- ISBN 978-7
-5198-9456-6

Ⅰ. TM615-65

中国国家版本馆 CIP 数据核字第 2024ZB7716 号

出版发行：中国电力出版社
地　　址：北京市东城区北京站西街 19 号（邮政编码 100005）
网　　址：http://www.cepp.sgcc.com.cn
责任编辑：畅　舒（010-63412312）
责任校对：黄　蓓
装帧设计：王英磊
责任印制：吴　迪

印　　刷：三河市万龙印装有限公司
版　　次：2024 年 12 月第一版
印　　次：2024 年 12 月北京第一次印刷
开　　本：787 毫米 ×1092 毫米　16 开本
印　　张：9
字　　数：149 千字
印　　数：0001—1000 册
定　　价：50.00 元

编写委员会

目 录
CONTENTS

1 编制说明

　　本规范适用于集中式光伏发电工程的可行性研究、初步设计、施工设计的编制。本规范旨在规范和加强集中式光伏发电工程建设规划和勘测设计工作，进而提高设计管理水平，保证工程设计质量，推行设计优化，控制工程造价，积极推广先进、成熟、可靠的设计技术，注重节电、节地和控制非生产性设施的规模和标准，统一和明确建设标准，以合理的投资，提高项目投产后的市场竞争能力和投资效益。

　　在使用本规范时，应同时遵循国家和行业政策、标准、规程、规范，如与国家和行业强制标准不一致时，应按照较高标准执行。

2 光伏发电场区设计

2.1

升压站/开关站选址

根据光伏电场中长期建设的规划、组件及单元布置方案、集电线路设计、场内道路布置，结合接入系统设计的要求，全面综合考虑选择升压站/开关站的站址。站址选择原则如下：

（1）站址选择应首先考虑升压站/开关站建设的功能要求，满足系统送出方案可行及光伏电场接入方案合理，避免潮流迂回。

（2）出线方向适应各电压等级线路走廊要求，尽量减少线路交叉。

（3）站址选择还应充分考虑站用水源、站用电源、交通、设备运输以及土地性质和用途等多种因素，重点解决站址的可行性问题，避免出现颠覆性因素。

（4）站址选择应严格遵守国家法律法规及土地政策等相关要求，尽量占用山地、坡地或荒地。

（5）升压站/开关站选址应对上述各项因素进行综合考虑、平衡，兼顾安全、经济与人员生产运行的舒适性要求。

（6）站址选择按远景建设规模进行规划。

2.2

太阳能资源

2.2.1 太阳能资源分析主要依据

光伏发电站太阳能资源、光伏发电站设计应贯彻《光伏发电站设计规范》（GB 50797）的原则和要求。太阳能资源资料的整理和分析测光数据应符合《太

阳能资源测量　总辐射》（GB/T 31156）及《地面气象观测规范　辐射》（GB/T 35231）、《太阳能资源评估方法》（GB/T 37526）、《太阳能发电工程太阳能资源评估技术规程》（NB/T 10353）、《光伏发电太阳能资源评估规范》（GB/T 42766）的有关规定。

2.2.2 太阳能资源分析要点和深度规定

2.2.2.1 提出气象站资料的选取、分析方法和分析内容。分析的气象要素包括水平面总辐射、散射辐射、日照时数、气温、风速、风向和灾害性天气。说明工程场址区的气象条件概况，基本气象要素（气温、冻土深度、风速等）和其他气象要素（沙尘暴、大风、雷暴、积雪、冰霜、盐雾或其他极端天气等）。结合项目所在地气候、气象特点，针对性分析以上气象要素对光伏发电工程的影响。

2.2.2.2 分析气象站长时间序列的年总辐射量年际变化、月际变化。日照时数年际变化、月际变化。说明光伏发电站现场观测时段在长时间序列中的代表性。

2.2.3 太阳能资源数据源

2.2.3.1 本阶段宜收集长时间序列数据和短期实测数据。

2.2.3.2 短期实测数据应满足《太阳能资源评估方法》（GB/T 37526—2019）中6.2的数据质量要求。

2.2.3.3 长序列数据分为长序列实测数据、长序列气象学推算数据和基于卫星遥感资料的统计数据或物理反演数据。数据要求如下：

（1）气象站长序列实测数据：在空间代表性上，与工程同一气候区，两地之间距离不宜超过100km。在时间代表性上，最近10年以上、月值数据有效完整，通常以30年为宜。

（2）气象站长序列气象学推算数据：满足空间时间代表性要求的，具备日照时数的气象站作为参证气象站，选取最近的辐照气象站推算。

（3）基于卫星遥感资料的统计数据或物理反演数据：目前主流为NASA数据、Meteonorm数据和SolarGIS数据。

2.2.3.4 长序列数据应满足《太阳能资源评估方法》（GB/T 37526—2019）中6.3的数据质量要求。

2.2.4 太阳能资源数据选择

2.2.4.1 长序列数据确定

数据的一般优先级顺序为：气象站长序列实测数据＞气象站长序列气象学推算数据＞基于卫星遥感资料的统计数据或物理反演数据。

2.2.4.2 多种基于卫星遥感资料的统计数据或物理反演数据比选原则

（1）项目临近辐照气象站位置的，多种数据源（Meteonorm、SolarGIS、NASA）与辐照气象站实测数据相对比，比较变化趋势，分析相关性，确定数据源。

（2）项目不临近辐照气象站位置的，应通过2种以上辐射数据对比分析，确定数据源。

（3）项目周边有已投运光伏发电站的，应基于邻近项目实测和辐照数据，按照《太阳能资源数据准确性评判方法》（GB/T 34325）进行完整性和合理性检查后，进行合理性判定和复核评估。

（4）项目采用的辐射数据，在没有切实证据的情况下，不应采用对比数据中的最高值。

2.2.5 现场气象观测站规定

2.2.5.1 现场气象参证站选择应符合的规定

（1）宏观选址时，应根据场址区地形地貌、地理纬度、海拔等条件，选取具有代表性的地点设置太阳辐射量观测站。

（2）应及时对站址区测光数据进行维护，并定期对测光数据进行收集和整理，初判其合理性。如发现数据缺漏或失真时，应立即查明原因，修复并记录。严禁对原始数据进行任何的删改增减。

（3）应完成或取得场址至少连续一年的现场实测数据，现场实测数据或者周边实测发电数据应与气象站数据进行修正后使用。

2.2.5.2 现场气象参证站应符合的规定

（1）若无现场测光数据，可收集周边气象站辐射观测数据，通过规范要求的方法进行资源分析。项目站址区应与气象站纬度相差小于1°，海拔高程相差较小，地形地貌相差不大。在地形平坦地方距离不宜超过100km，具体要求详见《太阳能资源数据准确性评判方法》（GB/T 34325）。

（2）光伏发电站场址参考气象站若没有太阳辐射观测数据，应采用气候学方法推算其太阳辐射数据。具体方法参见规范《太阳能资源评估方法》（GB/T 37526）。

（3）若光伏发电站场址周边各个具有辐射观测的气象站因海拔差异、气候差异等因素均存在一定缺陷而无法参考时，如周边有已建电站，应参考已建电站太阳能辐射数据进行对比分析；如周边没有已建电站，宜采用诸如SolarGIS、Meteonorm等数据库中的长时间序列数据进行对比分析，综合比较后确定场区的太阳能辐射量水平。所选卫星数据库空间分辨率应小于1km×1km，时间序列持续更新至设计时间，且数据中应包含水平面总辐射数据和散射辐射数据。NASA数据库资料的精度较低，太阳能资源评估时不宜采用。

（4）当光伏方阵采用固定倾角、斜单轴、平单轴或双轴跟踪布置时，应依据电站寿命期内的平均年水平面总辐射量预测值进行固定倾角、斜单轴、平单轴或双轴跟踪受光面上的平均年组件接受面上总辐射量预测，预测过程宜采用PVsyst等软件进行仿真模拟。

（5）在太阳能资源分析时还应考虑项目所在地温度、湿度（渔光互补型电站）、盐雾（近海地区）及雾霾等周围特殊气象环境对光伏发电站发电量、电站质量的影响。

2.2.6 代表年数据确定

（1）若有短期实测数据，应根据《太阳能资源评估方法》（GB/T 37526）订正长序列数据，确定代表年数据。

（2）在没有水平面直接辐射、散射辐射数据情况下，应按照《太阳直接辐射计算导则》（GB/T 37525—2019）中第5章的方法计算得到。

（3）气象站长序列实测数据或气象站长序列气象学推算数据，应根据《太阳能资源评估方法》（GB/T 37526）和《太阳能发电工程太阳能资源评估技术规程》（NB/T 10353）确定代表年数据。

（4）若无气象站长序列实测数据或气象站长序列气象学推算数据，应对至少2种基于卫星遥感资料的统计数据或物理反演数据比选，确定最贴近项目场区实际的数据源。

2.2.7 太阳能资源分析

（1）按照《光伏发电太阳能资源评估规范》（GB/T 42766—2023）中5.3的

要求进行太阳能资源分析。包括年际变化、年变化、日变化等。

（2）按照《太阳能资源评估方法》（GB/T 37526），分析太阳能资源总量及丰富程度等级、太阳能资源年变化特征及稳定度等级、太阳能资源直射比等级。

（3）按照《光伏发电太阳能资源评估规范》（GB/T 42766—2023）中5.5的要求，长序列数据与代表年数据进行对比，说明光伏发电项目建成运行后每年实际的水平面总辐照量可能的变化范围，多种基于卫星遥感资料的统计数据或物理反演数据说明数据不确定性。

（4）按照《光伏发电太阳能资源评估规范》（GB/T 42766—2023）中5.6的要求，计算代表年P50概率保证下的水平面总辐照量，同时分析P90、P95、P99等。计算方法参照上述规范标准。

2.2.8 基本气象要素分析

2.2.8.1 基本气象要素参数分析

（1）说明基本气象要素分析时选用参证气象站的基本情况，从气候特征、地理特征等因素论证参证气象站与工程场址在基本气象要素的一致性。

（2）绘制工程站址和参证气象站地理位置图。

（3）搜集气象站基本气象要素，并完善表2.2-1中的内容。

表2.2-1　气象站基本气象要素表

	项目	单位	数值	备注
气温	年平均气温	℃		
	年平均最高气温	℃		
	年平均最低气温	℃		
	极端最高气温	℃		
	极端最低气温	℃		
	逐月平均气温（1月）	℃		
	逐月平均气温（2月）	℃		
	逐月平均气温（3月）	℃		
	逐月平均气温（4月）	℃		

项目		单位	数值	备注
气温	逐月平均气温（5月）	℃		
	逐月平均气温（6月）	℃		
	逐月平均气温（7月）	℃		
	逐月平均气温（8月）	℃		
	逐月平均气温（9月）	℃		
	逐月平均气温（10月）	℃		
	逐月平均气温（11月）	℃		
	逐月平均气温（12月）	℃		
沙尘	多年平均	日		
	多年最多	日		
大风	多年最大	m/s		
	30年一遇风速	m/s		
	30年一遇风压	Pa		
	50年一遇风速	m/s		
	50年一遇风压	Pa		
降水	多年平均	mm		
	一日最大降水量	mm		
雷暴	雷暴多年平均	日		
	雷暴多年最多	日		
积雪	积雪多年平均	日		
	积雪多年最多	日		
	最大积雪深度	cm		
霾日	霾日多年平均	日		
	霾日多年最多	日		
冰雹	冰雹多年平均	日		
	冰雹多年最多	日		

续表

项目		单位	数值	备注
结冰期	多年平均	日		
	多年最长及初、终期	日		
覆冰	最大覆冰厚度及发生时间	天		
冻土	最大	m		
	标准	m		

2.2.8.2 基本气象要素对工程影响分析

（1）根据参证气象站的基本气象要素，按照《光伏发电太阳能资源评估规范》（GB/T 42766—2023）中第7章的要求，分析基本气象要素对光伏发电工程的影响，根据分析结果，对光伏工程的设备选型、工程设计、建设施工、安全保证、后期运维等方面提出技术建议。

（2）水上光伏项目重点分析高湿环境、浪涌、瞬时大风等对光伏发电站的不利影响；沿海区域重点分析高盐雾、热带气旋等对光伏发电站的不利影响；江西、新疆区域重点分析洪灾对光伏发电站的不利影响；北方地区重点分析积雪、低温、大风、冻土深度等对光伏发电站的不利影响；南方地区重点分析凝冻、雷暴等对光伏发电站的不利影响。

（3）分析温度对项目的影响。按照《太阳电池发电效率温度影响等级》（QX/T 548）计算光伏组件温度和光伏发电组件年平均温度折减系数，系统方案设计及发电量章节中系统效率计算中温度折减系数不应低于此结果。

2.3

场址建设条件分析

2.3.1 光伏发电站选址

光伏发电站选址时应结合电网结构、电力负荷、交通、运输、环境保护要求、出线走廊、地质、地震、地形、水文、气象、占地拆地、施工，以及周围工矿企业对电站的影响等条件，拟定初步方案。通过全面的技术经济比较，提出论证和评价。当有多个候选站址时，应综合考虑上述因素，重点考虑接入、消纳、运输、地形及用地等主要因素对投资的影响，按照投资规模大小，最终提出推荐站址的排序。

2.3.2 集中式光伏发电站选址建设条件规定

（1）集中式光伏发电站选址一般应符合《光伏发电站设计规范》（GB 50797）的原则和要求。其中光伏发电站的防洪等级和防洪标准参考该标准中的相关规定，设有防洪措施的光伏发电站宜在首期工程中按规划容量统一规划，分期实施。选址应避开地质灾害易发区、重点保护的文化遗址等，宜建在地震烈度为9度以下地区，优先选择场地条件较好的区域，避免大规模的场地平整。不同地形、地质条件的光伏发电站，应进行地形地质条件造成的站址选择潜在风险影响分析。

（2）对于渔光互补型光伏发电站，选址时应注意水深、水下养殖模式及鱼塘使用权等相关数据、资料的确认。尽量避免选在小水库区域（小水库的设计年限不足25年）。位于海滨，江、河、湖旁，以内涝为主地区的光伏发电站设置防洪堤时，应选取不同的堤顶标高设计标准。

（3）对于风光互补型或复杂山地光伏发电站，选址时应注意风电机组的排布位置、轮毂高度、叶片长度、地表植被、地形地貌、坡度及朝向等因素的影响。分析场区内的遮挡情况，为组件布置提供依据。

（4）位于山区的光伏发电站，应设防山洪和排山洪的措施。

（5）对于农光互补型光伏发电站，应结合农业开发统一规划。

（6）选址时须重点落实场址用地是否满足国家相关要求，需要取得各个部门的同意性文件。

（7）光伏发电站选址需要统筹考虑接入条件的可行性以及经济性。

2.3.3 复杂地形建设条件分析

光伏发电站建设地点如选择在丘陵或复杂山地地形作为建设场区，应分析如下几点：

（1）分析光伏布置场区中的地物阴影和避让距离，对场区周边和场内山地阴影遮挡、场区内已有或将来明确建设的杆塔、房屋、树木、坟地等进行阴影分析。

（2）对场区坡度过大，施工难度过大的地区进行分析和标示，在布置时进行避让，场区坡度不宜超过35°。

（3）对因山地地形遮挡的地区，进行分析及标示，在布置时进行避让。

（4）在东西方向坡度不大的情况下，宜采用随坡就势的原则进行排布。

（5）复杂地形分析、布置宜采用三维布置软件进行设计。

2.4

系统设计及发电量计算

2.4.1 组件选型

2.4.1.1 光伏组件宜采用晶体硅光伏组件。针对农业大棚等建筑内部有采光需求的情况，采用透光组件。应选择当前市场主流的组件类型。分情况列出典型设备的技术参数范围。

2.4.1.2 各类光伏组件光电转换效率及首年、逐年衰减率按照工业和信息化部电子信息司发布的《光伏制造行业规范条件（2021年本）》的标准执行，光伏制造行业规范条件更新时以最新版本为准。

2.4.1.3 根据现场实际条件可考虑采用先进技术和工艺的光伏组件。应通过技术经济比较选择合适的组件形式，不同地区的组件选型可参考表2.4-1。

表2.4-1　不同地区组件选型参考表

使用情况分类	组件推荐形式
一、二类太阳能资源区地面、山地	单晶组件，单面、双面需进行经济比选
三类太阳能资源区地面、山地	单晶组件，单面、双面需进行经济比选
土地资源紧张地区	单晶组件，单面、双面需进行经济比选
鱼塘	双玻组件
沿海地区	双玻组件
盐雾地区	双玻组件
农光互补光伏发电站	单晶组件、双玻组件

2.4.1.4 晶体硅光伏组件主要包括66、72、78片等晶格所衍生的多种形式及尺寸，应在同等组件效率的前提下，至少采用两种尺寸的光伏组件，选取场区的典型地貌进行布置。典型地貌的面积应不小于全场面积的10%，同时应包括全场场区的不同坡度和坡向。

通过不同尺寸组件在典型地貌范围内的布置方案，对比分析布置的合理性，同时考虑场区面积的充分利用，最终通过经济技术比较后确定。

应根据光伏组件串联数选择支架大小以及排布方式，对于平坦或简单地形宜采用72片组件并配合较大支架进行光伏组件排布设计；对于低洼地、鱼塘、山地或复杂地形，应根据场区实际地形特点，按上述要求增加光伏组件及支架经济比选。

2.4.1.5 目前光伏组件常用技术主要包括P型（PERC）、N型（TOPCON、HJT、N型BC）、双面、叠瓦、半片、多主栅组件等，应通过当前的市场调研，对价格、衰减、供货、可靠性、市场占有率等方面进行选择，同等技术路线下，不同尺寸的组件应根据项目特点，从BOS成本、总平面布置、政策要求等方面进行综合比较确定。

2.4.1.6 光伏组件最大系统电压应与光伏方阵电压等级相匹配。

2.4.1.7 干燥、低温、雪灾或暴风等气候条件下，组件选型应考虑抗裂抗干燥、耐低温、抗机械载荷、抗冲击、玻璃表面抗划伤等性能。

2.4.1.8 按照表2.4-2填写组件参数。

表2.4-2 光伏组件参数表

序号	部件	单位	参数	备注
1	制造厂家/型号			
2	峰值功率（STC）	W		
3	功率公差	W		
4	组件转换效率	%		
5	电池片类型			HJT/Topcon/PERC/IBC
6	电池片数量			半片算
7	STC开路电压（U_{oc}）	V		
8	STC短路电流（I_{sc}）	A		

序号	部件	单位	参数	备注
9	STC最大功率点电压（U_{mp}）	V		
10	STC最大功率点电流（I_{mp}）	A		
11	首年功率衰降	%		
12	每年功率衰降	%		
13	静态载荷–风载	Pa		
14	静态载荷–雪载	Pa		
15	组件尺寸结构	mm		
16	组件重量	kg		
17	组件防护等级			
18	双面组件背面系数	%		

2.4.1.9 N型（TOPCON、HJT、N型BC）与P型组件的选择，具体项目应经过技术经济比选后明确组件技术路线。

2.4.2 组件安装方式的选择

2.4.2.1 对于选定的光伏组件能接受更多的太阳能辐射量，组件的安装支架起到支撑、固定组件及使组件在特定的时间以特定的角度对准太阳，最大限度地利用太阳能发电的作用。其主要安装方式主要有：固定式、单轴跟踪（平单轴、斜单轴）和双轴跟踪等。对以上运行方式需要进行经济技术综合比较后选用。

综合比较应至少包含以下几个方面：

（1）发电量：比较相同发电单元容量下不同阵列运行方式的发电量差异。

（2）占地面积：比较相同发电单元容量下不同阵列运行方式的用地面积差异。

（3）工程量：比较相同发电单元容量下不同阵列运行方式的支架、支架基础、支架辅助系统、电缆敷设等工程量差异。

（4）运行可靠性和运维成本：比较相同发电单元容量下故障率及运维成本差异。

（5）投资：比较相同发电单元容量下投资差异、度电成本差异。

2.4.2.2 光伏跟踪系统可分为平单轴跟踪、斜单轴跟踪、垂直单轴跟踪、双轴跟踪及其衍生类型。不同跟踪系统推荐使用条件可参考表2.4–3。

表 2.4-3　不同跟踪系统适用地形参考表

跟踪系统类型	适用地形
平单轴	东西方向的 0°~20° 的山坡，南北方向两基础端面水平
斜单轴	平地，东西方向的 0°~15° 的缓坡，南北方向两基础端面水平
单立柱双轴	适用于任何地形
单立柱斜单轴	适用于任何地形

2.4.2.3　光伏发电站项目总体用地指标按照《光伏发电站工程项目用地控制指标》（TD/T 1075）的标准执行。

2.4.3　逆变器的选择

光伏并网逆变器目前主要有三种形式，分为集中式逆变器、组串式逆变器、集散式逆变器。光伏发电站的建设规模、地形地貌是决定逆变器选型的关键，综合考虑各逆变器设计原理，针对不同应用场景，选择相应形式的产品。原则上大型地面光伏发电站，宜通过经济比较以选用集中式或集散式逆变器为主。山地光伏发电站，宜通过技术和经济比较选用以集散式或组串式逆变器为主。不同类型逆变器特点及适用范围参考表 2.4-4。

表 2.4-4　不同类型逆变器特点及适用范围一览表

方案	特点	适用范围
集中式	直流汇流，集中逆变，500、630、1000、1600、2000、2500、3150kW 等多种基本型号，造价最低，MPPT 少，面对工作状态差异大的方阵，容易引起失配损失，单机损坏后影响范围大	地形一致程度高的区域，如平地、水面、大型屋顶、高度一致的山体
组串式	直流、交流汇流，分散逆变，多种型号，造价较高，MPPT 多，失配损失小，运维便利，单机损坏影响小	地形复杂地区，或朝向各异的屋顶、遮挡频繁、杂乱的地区
集散式	直流汇流，集中逆变，1000、2000kW 两种基本型号，造价适中，MPPT 适中，失配损失适中，单机损坏后影响范围大，可选择厂家少	地形复杂地区，或朝向各异的屋顶、遮挡频繁、杂乱的地区

2.4.4 串联数的计算

光伏组件的串、并联设计：光伏组件串联的数量由项目所在地的多年极端最高、最低气温，逆变器的最高输入电压，最低工作电压以及光伏组件允许的最大系统电压所确定，计算公式参见《光伏发电站设计规范》（GB 50797）。光伏组件串的并联数量由逆变器的额定容量以及光伏发电系统的容配比确定。

在条件允许时，应尽可能地提高直流电压，以降低直流部分线路的损耗，同时还可减少汇流设备和电缆的用量。

2.4.5 容配比及方阵容量的确定

2.4.5.1 光伏发电站容配比应符合下列规定：

（1）应参考相近区域内已建电站历史出力数据，设计合适的容配比，提高项目经济收益。

（2）若无参考电站，容配比选择应结合所处区域的太阳能资源情况、场地情况及造价水平等，经技术经济比较后综合确定，同时可参考《光伏发电系统效能规范》（NB/T 10394）相关规定。单面光伏组件系统容配比可参照以下标准执行（组件布置方位角、倾角受场地限制，灰尘较大且不宜清洗、空气污染较重地区，山地等可能局部遮挡较多，鱼塘等组件衰减较大的项目选取范围中的较高值）：

1）一类资源区推荐容配比为1.05~1.15，原则上不超过1.15；

2）二类资源区推荐容配比为1.1~1.2，原则上不超过1.2；

3）三类资源区推荐容配比为1.15~1.3，原则上不超过1.3。

（3）采用双面光伏组件的系统，考虑到背面发电增益的特性，容配比值应低于采用单面光伏组件的系统。

2.4.5.2 光伏方阵的发电单元可以取1、1.25、1.6、2、2.5、3.15MW等，一般以箱式变压器为单元模块，合理优化光伏方阵的排列布局，适当减少发电单元中电缆长度。在单个方阵中，直流系统电压可按照压降不超过2%考虑，即最大直流电缆长度应小于表2.4-5中的推荐值。

表 2.4-5　电缆选择与压降配合表

1000V 系统电缆长度计算

电缆型号	直流侧控制电压降		
	2%	1%	0.50%
4mm²	100	50	24
6mm²	144	72	36
10mm²	240	120	60

1500V 系统电缆长度计算

电缆型号	直流侧控制电压降		
	2%	1%	0.50%
4mm²	140	70	35
6mm²	200	103	52
10mm²	346	173	85

2.4.5.3 光伏发电系统中电缆的截面积应根据长度进行选择，光伏系统交流电压降落不宜大于3%。

2.4.6 组件倾角及间距计算

2.4.6.1 光伏阵列的倾角设计应符合下列规定：

（1）固定式布置的光伏阵列的最佳倾角设计参见《光伏发电站设计规范》（GB 50797）的相关规定。固定支架的倾角不宜低于5°，且不高于50°。固定支架的方位角位于北半球宜采用正南方向，方位角不应超过 ±20°。

（2）斜单轴跟踪式布置的光伏阵列的最佳倾角宜考虑工程所在地地理位置、地形地貌、项目容量、土地成本、荷载条件，经经济技术比较后确定最优方案。

（3）选择方阵安装倾角时应考虑方便安装，后期维护。

2.4.6.2 光伏阵列的间距设计应符合下列规定：

（1）固定式支架。对于固定式布置的光伏阵列，原则上按照《光伏发电站设计规范》（GB 50797）确定行、列间距。同时需考虑运维同行的便利性。一般情况下，采用固定支架的光伏阵列各排、列的布置宜使每天当地真太阳时9:00~15:00时段内前、后互不遮挡。

复杂山地项目，应根据山体特征划分不同片区，分别计算前后间距。

可根据下列公式确定间距，并考虑留有一定裕度。

$$D = L\cos\beta + L\sin\beta \frac{0.707\tan\phi + 0.4338}{0.707 - 0.4338\tan\phi}$$

式中：D 为两排阵列之间距离；L 为阵列倾斜面长度；β 为阵列倾角；ϕ 为当地纬度。

（2）固定可调支架。

1）固定可调支架的最大可调节角度不超过55°，最小角度不低于5°。

2）固定可调支架的方位角位于北半球宜采用正南方向，方位角不应超过±20°。

3）手动固定可调支架宜采用一年二调的调节方案。不推荐采用一年三调、四调等一年调节次数更多的调节方案。自动固定可调支架可考虑一年多调的调节方案。

4）固定可调支架倾角调整方案应使项目边界条件下的全年组件面有效辐照量最大。调整方案应采用如下步骤确定：

a.根据土地空间情况、容量要求等边界条件确定前后间距。

b.根据间距，计算0°~55°之间各角度下组件面逐月有效辐照量，形成有效辐照量计算表。

c.根据计算表确定不同月份倾角调整方案。

（3）对于跟踪式布置的光伏阵列，跟踪支架应具有反向跟踪的功能，布置原则应综合考虑工程所在地地理位置、地形地貌、项目容量、土地成本、荷载条件，并通过经济技术比选确定光伏阵列的间距。在综合考虑跟踪支架控制策略的情况下，光伏方阵间距设置应保证在全年每天9:00~15:00时段内相邻（东、西、南、北）支架互不遮挡需要的最小间距。

2.4.6.3 与建筑结合的分布式光伏发电站的光伏方阵应结合太阳辐照度、风速、雨水、积雪等气候条件及建筑朝向、屋顶结构等因素进行设计，经技术经济比较后确定方位角、倾角和阵列行距。

2.4.7 光伏发电单元设计

（1）光伏发电单元一般按照3~4.4MW（交流侧）设计，纬度较低区域如海南、广东等可适当增大单方阵容量。具体容量按照逆变器功率、发电单元整体建设成本、阵列布置情况等综合比较。地块较为分散的项目可根据实际发电单元布置容量合理选择低于3MW的容量。建议容量等级不超过5种。

（2）方案设计时，应分别给出项目的直流侧、交流侧装机容量，说明安装的光伏组件、光伏阵列、逆变器（汇流箱）、箱式变压器等的单机容量、总计数量等，说明项目光伏发电单元的数量，集电线路的回路数等。

（3）方案设计应详细描述光伏场区接线方案。描述内容应包括但不限于单个方阵组串的组件串联数量、逆变器（汇流箱）的组串连接数量、箱式变压器（箱逆变一体机）的逆变器（汇流箱）连接数量等。应按照表2.4-6的例子给出项目各子阵配置情况。如果个别方阵所采用的逆变器容量与大部分方阵不同，应在备注中说明（包括但不限于不同逆变器容量、数量等）。

表2.4-6　光伏发电单元统计表

序号	方阵单元序号	光伏组件数（块）	逆变器数量（台）	箱式变压器容量（kVA）	备注
1	001	8000	12	3150	
2	001	8000	12	3150	
3	001	8000	12	3150	
…	…	…	…	…	…

2.4.8 发电量计算

2.4.8.1　发电量计算宜采用PVsyst等光伏系统设计辅助软件。

2.4.8.2　对于复杂山地光伏发电站，应根据光伏阵列的方位角和倾角，分区计算系统发电量。

2.4.8.3　发电量计算综合系统效率取值应符合下列规定：

系统总效率不应低于81%，影响系统效率因素列举如下（不限于此）：

（1）直流电缆损耗：1.5%~2.5%；

（2）防反二极管及线缆接头损耗：1.5%~2.5%；

（3）电池板不匹配造成的损耗：1%~2%；

（4）灰尘、积雪、雾霾等遮挡损耗：3%~10%；

（5）交流线路损耗：1.5%~2.5%；

（6）逆变器损耗：1%~3%；

（7）不可利用的太阳辐射损耗：2%~5%；

（8）系统故障及维护损耗：0.5%~1.5%；

（9）变压器损耗：2%~4%；

（10）温度影响损耗：3%~6%。

2.4.9 测光方案及环境监测要求

2.4.9.1 大型光伏发电站建议至少配置1套气象环境要素监测仪，以保障能对整个光伏发电站的运行环境做到实时监测，便于电站后期的管理维护，以及发电效率评估等。

2.4.9.2 实时监测内容包括太阳平面、斜面（与光伏组件倾角一致）总辐射、风速、风向、气温等参数。可测量环境温度、风速、风向和辐射强度等参量，其通信接口可接入并网监控装置的监测系统，实时记录环境数据。

2.4.9.3 如光伏组件安装方式采用跟踪系统，则应增加与光伏组件跟踪方式相同的测光设备进行监测。

2.4.10 组件清洗

2.4.10.1 大型光伏发电站组件清洗宜采用人工清洗，宜每300MW光伏场配一辆冲洗水车，严寒地区冬季为避免组件挂冰，可采用手持式专用工具擦洗。

2.4.10.2 组件阵列安装整齐的大型地面光伏发电站也可考虑采用挂轨式机器人、移动清洁车等清洁方式。

2.4.10.3 光伏冲洗废水就地排放，绿化绿植，不设回收装置。

2.5

工程地质与测绘

2.5.1 工程地质

2.5.1.1 光伏发电场工程地质勘察应贯彻以下国家标准、规程、规范（如有更新，按最新执行）：

（1）《岩土工程勘察规范》（GB 50021）；

（2）《光伏发电工程地质勘察规范》（NB/T 10100）；

（3）《工程勘察通用规范》（GB 55017）；

（4）《变电站岩土工程勘测技术规程》（DL/T 5170）；

（5）《电力工程物探技术规程》（DL/T 5159）；

（6）《电阻率测深法技术规范》（DZ/T 0072）；

（7）《建筑地基基础设计规范》（GB 50007）；

（8）《建筑桩基技术规范》（JGJ 94）；

（9）《建筑地基处理技术规范》（JGJ 79）；

（10）《建筑边坡工程技术规范》（GB 50330）；

（11）《房屋建筑和市政基础设施工程勘察文件编制深度规定》（建质〔2020〕52号）；

（12）国家现行其他标准、规程、规范。

2.5.1.2 光伏发电场工程地质应贯彻现行《工程勘察通用规范》（GB 55017）、《光伏发电工程地质勘察规范》（NB/T 10100）和《光伏发电工程可行性研究报告编制规程》（NB/T 32043）的原则和要求。

2.5.1.3 应查明场地的基本地质条件，包括地形地貌、地层情况、物理力学指标、水文地质、水和土的腐蚀性评价、不良地质作用、特殊性岩土、场地类别、场地稳定性等，并作出评价。对于处于洼地、池塘和滨海滩地的光伏应进行水文地质勘察，明确场址防内涝和防洪设计的内容。

2.5.1.4 项目场址有以下情况，应依据场地地形图、场地的暴雨水量等，并结合项目的防洪标准给出洪水位，并按要求避让河道等管理线，按水利部门要求完成洪评报告编制及评审工作：

（1）项目濒临河道、滩涂、湖泊、水库等。

（2）项目拟利用雨水、雪水等形成的洪水冲击形成的场地。

（3）项目拟利用场地有短时积水、排水不畅条件的。

2.5.1.5 对于处于冻土地区的光伏项目，确定标准冻深，除按荷载规范采用外尚应根据当地多年实测资料按荷载规范规定的方法综合判定。

2.5.1.6 应查明区域地质情况及地震动参数，评价区域构造稳定性。

2.5.1.7 应对可能采取的地基基础类型、地基处理方案进行评价，并提出设计所需相应参数。

2.5.1.8 勘探手段以工程地质钻探、探坑、探槽为主，结合工程地质调查、物探和室内试验相结合的方法，按不同的地层岩性条件进行标准贯入试验、动力触探试验、采取不扰动样及扰动样。

2.5.1.9 前期和可研阶段应能控制场地不同地貌单元、地层岩性及岩土工程特性。勘探点应布置在能代表光伏组件地质条件的点位。应对特殊性岩土（如软土、湿陷性黄土等）和不良地质作用（如岩溶、采空区等），增加实际工作量，包括钻孔、探井、室内试验、原位测试等，详细评价其岩土工程特性。

2.5.1.10 勘探工作布置应满足如下要求：

（1）应能控制场地不同地貌单元、地层岩性及岩土工程性状。勘探点应均匀布置在光伏场区内。

（2）勘探点数量可根据不同的场地类型及地基土复杂程度控制，勘探点不宜少于4个，勘探点的间距和钻孔深度需满足《光伏发电工程地质勘察规范》（NB/T 10100）的要求，桩基及天然地基应满足变形计算深度的要求。

（3）场地内每一地层的取样试验及原位测试试验不宜少于6组，地表水及地下水应采取代表性水样进行水质腐蚀性分析试验，采取代表性土样进行土的腐蚀性分析试验。

2.5.1.11 地质勘察阶段划分。根据光伏发电工程的勘察工作，主要在可行性研究、施工图设计、施工阶段的前期布置勘察工作，分别对应于规划选址勘察、初步勘察、详细勘察、施工地质勘察，勘察工作依据项目所属阶段，分阶段实施。

2.5.1.12 光伏电场规划选址勘察。

（1）一般规定。规划选址阶段的工程地质勘察应了解规划区域的工程地质条件，对场地的稳定性和适宜性作出初步评价。了解规划地区的区域地质和地震概况。了解各场地的基本地质条件和主要工程地质问题。分析比较各规划场址的工程地质条件。

（2）勘察内容及方法。规划选址阶段工程地质勘察应符合下列要求：了解区域地质概况，根据《中国地震动参数区划图》（GB 18306）确定各规划光伏发电工程场址区的地震动参数。了解各规划光伏发电工程场址区的地形地貌特征、地层结构、岩土性质，特殊性岩土的分布，地质构造类型、规模、性状等。了解各规划光伏发电工程场址区大中型泥石流、滑坡、岩溶、流动沙丘、采空区、人工堆渣场等不良地质作用的发育和分布情况。初步分析各规划光伏发电工程场址区场地的稳定性和适宜性。水面光伏发电工程还应了解场址区的水深及变幅等。规划选址阶段工程地质勘察方法应以收集资料和地质调查为主。当规划区规模较大且资料缺乏时，可布置勘探工作。地质图比例尺可选用1∶50000~1∶10000。光伏发电工程选址应避开大型滑坡、泥石流，宜避开流动沙丘。

（3）勘察报告。规划选址阶段应编制工程地质勘察报告。规划选址阶段工程地质勘察报告应包括区域地质概况、各规划光伏发电工程场址区工程地质条件及主要工程地质问题初步分析、结论及附图等。

2.5.1.13 初步勘察。

（1）一般规定。初步勘察应初步查明场址区的工程地质条件和主要地质问题，提出光伏发电工程设计所需的地质资料。

初步勘察应符合下列要求：

1）复核区域地质条件，评价区域构造稳定性。

2）初步查明场址区的地形地貌特征。初步查明场址区第四系地层的成因类型、物质组成、层次结构、分布规律。

3）初步查明特殊性土的分布范围和厚度。

4）初步查明岩石地基的岩性、岩层产状、风化程度；初步查明软岩、易溶岩、膨胀性岩层和软弱夹层的分布、厚度，初步评价其对地基稳定性的影响。

5）初步查明地下水类型、埋藏条件、地下水位的变化幅度，并划分含水层和相对隔水层。

6）水面光伏还应初步查明水深及变幅。查明场地不良地质作用的成因、分布、规律、发展趋势，并对场地的稳定性作出评价。提出场址区岩土体的物理力学性质参数。

7）进行水质分析和土化学分析，初步判定水和土对建筑材料的腐蚀性。初步确定建筑场地类别。

8）提出场地岩土的视电阻率。了解天然建筑材料料源。

（2）光伏阵列区。

1）工程地质测绘的比例尺可选择1∶10000~1∶2000。

2）勘探可采用坑探、钻探、物探等方法，勘探布置应符合下列规定：应控制场址区的地层分层、地基土性状和不良地质作用的分布范围。每个地貌单元、不同地层和不良地质作用处应布置勘探点。不同地基等级勘探点的布置应符合表2.5-1的要求。当场地工程地质条件复杂时可适当减小间距。

表 2.5-1　初步勘察阶段不同地基等级勘探点的布置　　　　　　　m

地基等级	勘探线间距	勘探点间距
一级	200~400	100~200
二级	400~500	200~300
三级	500~600	300~500

勘探孔可分为一般性勘探孔和控制性勘探孔。控制性勘探孔数量不应少于总孔数的 1/3。钻进方法可根据地基岩土类别和地下水位具体情况选用。当遇地下水时，应在勘探过程中观测地下水位，并划分含水层和相对隔水层。

3）勘探点深度应根据地基等级、初拟基础型式等确定，并宜符合下列规定：

a.当采用桩基时，一般性勘探点深度不宜小于桩端以下 3m，控制性勘探点深度不宜小于桩端以下 6m。

b.当采用其他基础型式时，勘探点深度宜符合下列规定：

一级地基一般性勘探点深度为 6~8m，控制性勘探点深度为 10~15m。

二级地基一般性勘探点深度为 5~7m，控制性勘探点深度为 8~12m。

三级地基一般性勘探点深度为 3~5m，控制性勘探点深度为 6~10m。

4）当遇到下列情况时，应调整勘探布置：

a.当基岩裸露风化较浅时，工程地质测绘为主。

b.当勘探深度内遇厚度较大且结构密实的碎石、砂土、老沉积土时，勘探点深度可适当减小。

c.当勘探深度内遇软弱土时，勘探点深度应适当加深。

5）场址区采取土试样、水样和原位测试应符合下列规定：

a.采取土试样和原位测试勘探点数量之和不宜少于全部勘探点总数的 1/3。

b.主要土层内采取土试样的数量或进行原位测试的次数不应少于 6 组（次）。

c.在地基主要受力层，对厚度大于 0.5m 的夹层或透镜体，应采取土试样或进行原位测试。

d.当土层性质不均匀时，应增加取土样数量或原位测试次数。

e.代表性的地下水和地表水进行水质分析，试样数量不应少于 2 组。

6）水面光伏发电工程应符合以上规定外，尚应符合下列规定：

a.应测绘同等比例尺的水深图，水流平缓、风浪小的水域上下游边界应外延100m，其他水域的上游边界外延不应小于150m，下游边界外延不应小于100m。

b.初步查明水位变化情况。

c.初步查明淤积物的分布、厚度及性状。

d.对于漂浮式水面光伏发电工程，应初步查明锚泊地质的类型及性状。

7）光伏阵列区的物探测试应根据场区的地形地貌和地层特点选择合适的物探方法。物探剖面线应尽量垂直地貌单元，并结合勘探剖面布置。

8）光伏阵列区的初步勘察应初步评价场址区的工程地质条件、水文地质条件，提出地基土的物理力学参数建议值和基础型式建议。

（3）建筑物区。

1）工程地质测绘比例尺可选择1：2000~1：1000。

2）建筑物区的勘探可采用坑探、钻探、物探等方法勘探布置应符合下列规定：

a.勘探工作应控制建筑物区的地层分层、基土性状的分布和不良地质作用的分布范围。每个地貌单元、不同地层和不良地质作用处均应布置有勘探点。

b.应根据场地复杂程度布置勘探点，简单场地应按网格布置，中等复杂及复杂场还应结合地貌单元布置。

c.不同地基等级勘探点的布置应符合表2.5-2的规定，在地貌变化大、基岩起伏较大或第四系覆盖层层次复杂时，宜适当加密勘探点。

表2.5-2　建筑物区不同地基等级勘探点的布置　　　　　　　　　　　　m

地基等级	勘探线间距	勘探点间距
一级	50~100	≤60
二级	75~150	50~100
三级	80~200	70~120

d.钻孔可分为一般性钻孔和控制性钻孔，控制性钻孔数量不应少于总孔数的1/3。

e.应观测地下水位及变化幅度。

3）一般性勘探点深度宜为8~10m，控制性勘探点深度宜为10~15m。

4）当遇到下列情况时，勘探孔深度应符合下列规定：

a.在预定深度内遇到基岩时，一般性勘探孔在达到确认的基岩后即可终孔，控制性孔入岩深度不宜小于3m。

b.在预定勘探深度内遇到软弱地层时，勘探孔深度应适当加深或穿透软弱地层。

c.当拟定基础埋深以下有厚度不小于3m、分布均匀的坚实土层，且其下无软弱下卧层时，除控制性勘探孔应达到规定深度外，一般性勘探孔达到该层顶面即可。

5）建筑物区的初步勘察应提出地基土的电阻率，并按要求记录测试期前三天的天气、地基土湿度等。

6）建筑物区的初步勘察应初步评价建筑物区的工程地质条件、水文地质条件，提出建筑物的基础型式、地基处理方案建议。

（4）勘察报告。

1）勘察报告应包括下列主要内容：

a.工程概况、自然地理条件。

b.区域地质和场址区构造稳定性评价，场址区地震动参数。

c.场址区基本地质条件。

d.岩土体物理力学参数建议值。

e.场地稳定性和工程建设适宜性评价。

f.场址区工程地质条件及问题初步评价和基础方案建议。

g.天然建筑材料。

h.结论及建议。

2）附图包括场址工程地质平面图、工程地质剖面图、钻孔柱状图、典型坑槽柱状图等。

2.5.1.14 详细勘察。

（1）一般规定。

1）详细勘察应查明光伏阵列区、升压站及辅助建筑物的工程地质条件，对建筑物基础型式、地基处理方案等提出建议，提供设计、施工所需的地质资料。

2）详细勘察应符合下列要求：

a.复核区域构造稳定性、地震动参数。

b.查明工程区的地形地貌特征。

c.查明工程区第四系地层的成因类型、物质组成、层次结构、分布规律，特殊性土层的分布范围、特性及厚度，分析和评价地基的稳定性、均匀性和承载力。

d.查明基岩岩性、风化程度、易溶岩、膨胀岩和软弱夹层的分布及厚度，查明地质构造的发育情况。

e.查明地表水的发育情况，地下水的类型、赋存埋藏条件、地下水位埋深及变化幅度，地下水与地表水、大气降水的补排关系。水面光伏还应查明水深及变幅。

f.判定地表水、地下水和地基土对建筑材料的腐蚀性。

g.复核工程区的不良地质作用，评价其对工程的影响程度，提出工程处理方案的地质建议。

h.进行室内试验和现场原位测试，提出地基岩土层的物理力学参数。

i.进行岩土的视电阻率测试。

j.调查天然建筑材料的分布、储量和质量。

（2）光伏阵列区。

1）工程地质测绘比例尺可选用1∶2000~1∶500。

2）勘探可采用钻探、坑探、物探等方法，勘探布置应符合下列规定：

a.应控制光伏阵列区的地层分层、性状，每个地貌单元、不同地层、主要地质构造和不良地质作用处均应布置勘探点。

b.根据光伏阵列区建筑物的布置，不同地基等级勘探点的布置，应符合表2.5-3的规定。对特殊岩土及地质灾害点可适当加密、加深。

表2.5-3 光伏阵列区不同地基等级勘探点的布置   m

地基等级	勘探线间距	勘探点间距
一级	80~150	≤50
二级	120~200	80~150
三级	160~250	120~200

c.勘探孔可分为一般性勘探孔和控制性勘探孔。控制性勘探孔数量不宜少于总孔数1/5。

3）勘探点深度要求与初步勘察深度要求一致。

4）采取土试样、水样和原位测试应符合下列规定：

a.采取土试样和原位测试勘探点的数量宜为全部勘探点总数的1/5~1/3。

b.主要土层内采取土试样的数量不应少于6组，或原位测试的次数不应少于6次。土层性质不均匀时，应增加取土样数量或原位测试次数。

c.在地基主要受力层，对厚度大于0.5m的夹层或透镜体，应采取土试样或进行原位测试。

d.采取代表性的地下水和地表水不宜少于3组，并进行水质简分析。

e.土的化学分析的试样不应少于3组。

5）水面光伏发电除满足以上条款外，尚应包括下列内容：

a.应测绘同等比例尺的水深图，其测绘范围应符合本规范2.5.1.13规定的水面光伏测绘范围要求。

b.查明淤积物的分布、厚度及性状。

c.对于漂浮式水面光伏发电工程，应查明锚泊底质的类型及性状。

6）光伏阵列区的详细勘察应进行视电阻率测试，并根据测试时的天气及地基土湿度等条件，提出地基土的视电阻率建议值。

7）光伏阵列区的详细勘察应对地基的不均匀沉降、湿陷地震液化、腐蚀性等主要工程地质问题作出评价，并提出基础型式及地基处理方案的地质建议。

（3）升压站及辅助建筑物。

1）升压站详勘工程地质测绘比例可选1：500~1：2000。

2）升压站详细勘察物探测试应满足下列要求：

a.应根据场址区的地形地貌和地层特点选择物探方法。

b.物探剖面线应尽量垂直地貌单元分界线，并结合勘探剖面布置。宜进行岩土体的视电阻率和剪切波速测试。

3）勘探方法可采用钻探、坑探、物探等，勘探点应根据升压站地基等级及建筑物特点布置，并应符合下列规定：

a.生产楼、综合楼、配电装置楼的勘探点，可沿基础柱列线、轴线或轮廓线布置，勘探点间距可按地基等级确定，一级地基勘探点间距宜为10~15m，二级地基勘探点间距宜为15~30m，三级地基勘探点间距宜为30~50m。

b.每台主变压器的勘探点数量不应少于1个。

c.构架、支架场地可结合基础位置按网格布置，勘探点间距宜为30~50m。

d.其他建筑物地段可根据场地条件及建筑物布置，按建筑群布置勘探点。

e.钻孔可分为一般性钻孔和控制性钻孔，控制性钻孔数量不应少于总孔数的1/3。

f.黄土地区勘探布置还应符合《湿陷性黄土地区建筑标准》（GB 50025）的有关规定。

4）升压站勘探点深度应符合下列规定：

a.一般性钻孔深度应能控制地基主要受力层。基底宽度小于5m时，钻孔深度不应小于条形基础宽度的3倍，或不应小于独立基础宽度的1.5倍，且不应小于5m。

b.控制性钻孔深度应大于地基变形计算深度。构架、支架区的控制性钻孔深度宜为5~12m，其他地段的控制性钻孔深度宜为8~12m。

c.当采用桩基时，钻孔的深度应进入预计桩端以下$3d$~$5d$，且不得小于$3d$（d为桩基直径）。

（4）勘察报告。

1）勘察报告应包括下列主要内容：

a.工程概况，勘察依据，勘察等级，勘察方法、过程及完成实物工作量。

b.工程区自然地理条件，区域地质与地震。

c.工程区基本地质条件，包括场址区地形地貌、地层岩性、地质构造、水文地质条件、不良地质作用等。

d.岩土体物理力学参数，分析原位测试成果、物理力学试验成果、物探测试成果等，提出岩土体的物理力学参数建议值和视电阻率建议值。

e.场址区地震效应评价，包括场地类型划分、地震动参数确定、砂土液化评价等。

f.工程区地表水、地下水及地基土对建筑材料的腐蚀性评价。

g.场地评价，包括场地稳定性及适宜性评价、地基的均匀性评价。

h.建筑物地基工程地质条件评价及基础方案建议，包括地基岩土体的承载力、地基的抗变形能力、砂土液化的可能性、特殊岩土体的工程地质特性、地下水对地基的影响等工程地质问题的评价。

i.天然建筑材料。

j.结论及建议。

k.附图及附件。

2）工程设计勘察报告及附图附件应符合表2.5-4的规定。

表 2.5-4　工程设计勘察报告及附图附件要求

序号	报告及附图附件名称	规划选址勘察	初步勘察	详细勘察
1	区域构造纲要图	+	+	×
2	工程地质平面图	+	√	√
3	工程地质剖面图	+	√	√
4	专门性工程地质图	×	+	+
5	水文地质图	×	+	+
6	钻孔柱状图、探坑柱状图	+	√	√
7	室内试验成果报告	×	+	√
8	物探测试成果报告	×	+	√
9	工程地质勘察报告	√	√	√
10	专门性工程地质报告	+	+	+

注　"√"表示应提交；"+"表示视需要而定；"×"表示不要求提交。

2.5.1.15　施工地质勘察。

（1）光伏电场进入施工开挖阶段后开展此项工作，主要进行开挖基坑的验槽、复核、编录等工作，并对设计变更或地基处理提出针对性的地质意见。

（2）施工地质工作主要在天然地基施工开挖以及挖孔桩施工过程中进行。

1）施工地质工作的主要内容是地质编录、地基验收，提出地基处理意见和建议。

2）地质技术人员应对开挖建基面地质条件是否达到设计要求，是否与勘察成果吻合等提出意见。若需进行设计变更或地基处理，应对变更或处理方案提出地质意见。

3）地质技术人员需做好与施工地质有关的技术资料收集和存档工作。

2.5.1.16　专项勘察。

（1）场内输电线路勘察。

1）应结合光伏场区勘探情况，布置适量钻探、测试、坑槽探等工作，必要时进行部分室内试验工作。

2）勘探点应重点控制架空线路的转角塔、耐张塔、终端塔、大跨越塔等重要塔基和地质条件复杂的地段，每一塔基位应不少于1个勘探点。平原直线塔基地段宜每3~5个塔位布置1个勘探点。如遇地貌地质条件复杂处，需加密勘探点。

3）勘探点深度应根据地质条件及设计基础型式等要求综合确定。

（2）道路勘察。

1）场区红线范围内道路勘察，结合光伏场区勘察情况，当不能覆盖时，布置适量钻探、取样、标贯、坑槽探等工作。

2）场区红线范围外道路勘察，可沿路基中轴线布置勘探点。

a.关于勘探点间距，原则上应按不同地形条件分别考虑。平原地区勘探点间距应控制在1500~2000m，丘陵山区的勘探点间距应适当加密。当地质变化较大时，适当加密勘探点。

b.桥涵基础、路基支挡结构地基宜布置勘探点，勘探深度应结合设计方案及地质条件确定。

（3）沙漠光伏勘察。沙漠光伏发电工程勘察除应符合上述规定外，尚应符合下列规定：

1）勘察资料的深度应包括：场地地形、地貌、地层及地质构造、岩土性质及其均匀性；场地各岩土层的物理力学性质指标；地下水埋藏情况、类型、水位及其变化、相关水文地质参数；土和水的腐蚀性；对工程危害的地质灾害。

2）勘察资料的深度应包括：表层结皮情况、植物种类及植被覆盖度等；流动沙丘的类型、高度、间距、走向、密度和分布范围；流动沙丘和丘间低地的干沙层厚度、颗粒组成、沙粒矿物成分等，典型沙漠地区风积沙的物理力学特性。

2.5.1.17 试验及测试。

（1）土壤电阻率测试。根据场地内地层岩性变化情况，勘探孔做电阻率测试；测量土壤电阻率，场区部分每个测点分别给测出深度为1、5m的土壤电阻率值，并记录测量当日的时间、温度、湿度等气候特点；测试点不少于20个，同时布置大极距测点2个，测量深度200m；土壤电阻率测试推荐采用四极电测深法，使用仪表仪器需经国家技术鉴定的产品。提供测量点的土壤的热阻系数。

（2）室内试验。

1）室内土工试验：现场采集不扰动样和扰动土式样必须满足《岩土工程勘察规范》（GB 50021）要求，并按《土工试验方法标准》（GB/T 50123）要求进行室内常规物理力学性质试验项目。如遇特殊土（黄土、软土、冻土、膨胀土等），作相应的特殊土试验。

2）地下水样水质简分析试验：根据现场勘察的地下水埋深实际情况，在条件允许的情况下，钻孔内取水试样不应少于2组进行水质分析，评价环境水对建筑材料的腐蚀性。

3）场地土分析试验：拟在基础埋深周围采取土样2件进行土的腐蚀性分析，评价场地土对建筑材料的腐蚀性。

2.5.2　工程测绘

2.5.2.1　测量满足《工程测量标准》（GB 50026）和《全球定位系统（GPS）测量规范》（GB/T 18314）规范要求。地形测量应满足如下要求：光伏场址范围内需测绘1∶2000比例尺地形图，复杂地形的场址区需测绘1∶100地形图，沿场址红线测绘时，应外20m调查对组件排布有遮挡的高大建构筑物，标明位置及高度。具体见表2.5-5。

表2.5-5　不同类型光伏场区地形测量比例尺

场区类型	地形类别			
	平坦地	丘陵地	山地	高山地
升压站/开关站	1∶500	1∶500	1∶500	1∶500
场区	1∶2000	1∶1000	1∶1000	1∶1000

2.5.2.2　升压站/开关站地形图测量范围一般为升压站/开关站围墙中心线外扩100m范围，有特殊要求的可根据实际情况而定，周边涉及道路、河流以及构筑物等地物的，需按照实际情况和设计要求测量清楚，并在地形图中详细标明。

2.5.2.3　集电线路的测量需满足线路设计需求，线路测量需采用与光伏电场统一的坐标系统和高程系统。

2.5.2.4　道路测量根据地形情况确定道路测量内容，对于地势相对平坦地区道路设计可采用光伏发电项目区域的地形图进行。特别复杂山区或有特殊需求的可进行带状地形，横、纵断面测量等，测量需满足道路设计要求。线路测量需采用与光伏电场统一的坐标系统和高程系统。项目场址有多个地块的情况，应对场址范围外的现有/规划进场道路补充测绘1∶500地形图，测绘宽度宜大于10m。

2.5.2.5　地形类别的划分。

（1）平地：绝大部分地面坡度在2°以下的地区。

（2）丘陵地：绝大部分地面坡度在2°~6°（不含6°）之间的地区。

（3）山地：绝大部分地面坡度在6°~25°之间的地区。

（4）高山地：绝大部分地面坡度在25°以上的地区。

2.5.2.6 地形图的基本等高距。地形图的基本等高距根据地形类别和用途的需要，应符合表2.5-6规定。

表2.5-6 地形图基本等高距

m

比例尺	地形类别			
	平坦地	丘陵地	山地	高山地
1∶500	0.5	0.5	1.0	1.0
1∶1000	0.5（1.0）	1.0	1.0	2.0
1∶2000	1.0（0.5）	1.0	2.0	2.0

注 括号内的等高距依用途需要选用。

一个测区内同一比例尺地形图宜采用基本等高距。当基本等高距不能显示地貌特征时，应加绘半距等高线。

2.5.2.7 平面控制测量。

（1）平面控制网的建立宜采用卫星定位测量、导线测量等方法。

（2）首级平面控制网精度的基本要求为最弱点相对于起算点的点位中误差不应超过5cm。

（3）首级控制网宜联测2个以上高等级国家控制点或地方控制点，首级控制网不应低于一级。

（4）加密控制网可越等级布设或同等级扩展。

（5）平面控制网的坐标系统应满足主测区投影长度变形不大于2.5cm/km的要求。

2.5.2.8 高程控制测量。

（1）高程控制测量的精度等级依次分为二等、三等、四等、五等。各等级高程控制宜采用水准测量方法。

（2）场区首级高程控制的精度等级不应低于四等，且应布设成环形网。

（3）起算点高程联测的精度不低于测区首级高程控制等级。

2.5.2.9 地形图测量。

（1）地形图上地物点对于邻近图根点的平面位置中误差不应超过表2.5-7的规定。

表 2.5-7　地形图上地物点的点位中误差

mm

区域类型	一般地区	建筑区	水域
点位中误差	0.8	0.6	1.5

（2）等高线插求点或相对于邻近图根点的高差中误差不应超过表 2.5-8 的规定。

表 2.5-8　等高线插求点的高程中误差

mm

区域类型	平地	丘陵地	山地	高山地
点位中误差	（1/3）H_d	（1/2）H_d	（2/3）H_d	$1H_d$

注　H_d 为地形图的基本等高距。

（3）地形点的最大点位间距的要求应符合表 2.5-9 的规定。

表 2.5-9　地形点最大点位间距

m

比例尺	1∶500	1∶1000	1∶2000
点位中误差	15	30	50

（4）地形图高程测点注记，当等高距为 0.5m 时应取位至 0.01m，等高距大于 0.5m 时应取位至 0.1m。

2.5.2.10　图根控制测量。

（1）图根点相对于邻近等级控制点的点位中误差不应大于图上 0.01mm，高程中误差不应大于测图基本等高距的 1/10。

（2）每整幅图控制点的数量宜符合表 2.5-10 的规定。

表 2.5-10　控制点数量

测图比例尺	图幅（cm×cm）	全站仪测图（个）	GPS-RTK测图（个）
1∶500	50×50	2	1
1∶1000	50×50	3	2
1∶2000	50×50	4	2

注　1.对于小测区，图根控制可作为首级控制。

　　2.担负地图的小测区控制点数量不应少于 3 个。

2.5.2.11 野外数据采集。

（1）基本要求。

1）地形图碎部点高程注记至0.01m。

2）地形要素测绘与表示，要按规范与图式执行。

3）地形图测绘完成后，作业员应详细地进行自我检查与整理，测区要统一对所测图幅进行检查。

4）地形图内容表示要合理、齐全、综合取舍要恰当，主次分明。地貌测绘要正确，表示要合理，微貌显示要逼真。

（2）数据采用方法。

1）地形图内容的测绘和取舍按照《1：500、1：1000、1：2000外业数字测图规程》（GB/T 14912）的要求进行全要素测绘，并着重显示与本次设计有关的要素。

2）外业数据的采集对居民地、工业区、独立地物、管线及垣栅、道路、水系、土质地貌、植被等各种地物地貌要素进行全野外数据采集，并且尽可能用仪器直接进行采集数据，在无法观测到的地形点、地物点采用方向交会法、边长交会法进行处理，地类、地物等其他属性则采用实地调绘再内业录入的方法，各要素的表示方法和取舍原则根据具体项目测量任务书执行。

3）在空旷地区且能满足RTK测量条件的地方，直接采用RTK技术采集碎部点三维坐标数据，并将采集的碎部点按编码存入电子手簿。

4）在居民区或RTK信号较差的地方采用全站仪采集数据。使用全站仪在各级控制点上设站、定向、检查，采用极坐标法采集地形、地物点三维坐标，利用全站仪内部存储器记录地形、地物点观测顺序号、三维坐标和编码，在野外现场绘制草图，并标注观测顺序号。测站上要记录观测错误的数据的顺序号，以便内业进行数据删除。数据采集时，地物点、地形点测距的最大长度应不超过200m，应遵守"看不清不测"的原则。

2.5.2.12 数据处理。将RTK手簿记录数据传输至计算机，对采集的数据进行检查，删除错误数据后，将数据格式转换为南方CASS软件数据DWG格式，利用软件展绘野外采集数据点号（即观测顺序号或编码）。

2.5.2.13 图形编辑。对照野外绘制的草图，利用展绘到计算机软件上的点号（或编码）进行地形图的编辑，根据相应图式、规范和设计书要求对地物进行分层、编码。

2.5.2.14 埋石要求。本测区GPS网点均应设置固定标志，标石顶面中心设置中心标志；在平坦地区，GPS点点位选择与墩标埋设须同时满足水准测量的有关要求。

2.5.2.15 地形测量测绘内容及取舍。地形图测绘方法、要求，以及内容取舍按《工程测量标准》（GB 50026）第四章执行，独立地物能按比例尺表示的，应实测外廓，填绘符号；不能按比例尺表示的，按《国家基本比例尺地图图式　第1部分：1∶500、1∶1000、1∶2000地形图图式》（GB/T 20257.1）准确表示其点位；高程注记点每格不得小于10个；等高线的计曲线必须标注高程。

2.5.2.16 碎部测量主要技术要求。

（1）居民地是地形图重要地物要素，各类建构筑物及主要附属设施应按实地轮廓准确测绘。

（2）房屋以墙基为准，并按建筑材料和质量分类，房屋一般不综合，应分间表示，临时性建筑物可舍去。房屋和建筑物轮廓在图上小于0.4mm、简单房屋在图上小于0.6mm可用直线连接。

（3）独立地物是判定方位、确定位置、指示目标的重要标志，必须准确测绘和按规定的符号正确地加以表示。

（4）永久性电力线、通信线均需表示，电杆、电塔位置必须实测，同一条杆上有多种线路时，表示其主要线路，图面上各种线路之走向应连贯、类别分明。建筑区内电力线、通信线不连线，在杆架处绘出线路方向。地面及架空管线均需表示，并注记输送物质，地下管线检测井等均需测绘。围墙、永久性广告牌、栅栏、栏杆、篱笆和活树篱笆等均应测绘。

（5）铁路、公路、大车路、乡村路均应测绘。铁路铁轨、公路路中及交叉处、桥面、里程碑等应测绘高程注记点、涵洞应测注底面高程。公路及其他双线道路在图上均按实际宽度依比例尺表示。公路及街道按其路面材料划分为水泥、沥青、碎石、硬砖、砂砾和土路等，以文字注记在图上。等级公路应注明等级、代码和编号。铺装材料改变处应用点线分隔，主要道路须注明走向。国道路面、路肩应绘制四条线条，路面线不得中断。铁路与公路或其他道路在平面相交时，铁路符号不中断，而将另一道路符号中断。不同水平相交的道路交叉点，应绘以相应桥梁、通道符号。路堤、路堑均按实地宽度绘出边界，并在其坡顶、坡脚适当注记高程。公路、大车路、铁路通过居民地不宜中断，应按真实位置绘出；小路可中断在进出口处；市区街道应将永久性的安全岛、人行道、绿化带及街心花园等绘出。有围墙栏栅的公园、工厂、机关、学校等内部道路；除通行汽车的主要道路外全部按内部道路测绘。

（6）河流、溪流、湖泊、水库、池塘等都应测绘，沟宽在图上小于0.5mm的以单线表示。水涯线按测图时的水位测定并标注测绘时间。水渠应测渠道边和渠底高程、堤坝应测注顶部及坡脚高程，泉、井应测注泉之出水面及井台的高程；池塘应测注塘底高程。

（7）石堆、土堆、陡崖、坑穴、冲沟、山洞、石灰岩溶斗、崩岩、滑坡等特殊地貌和人工修筑的梯田、陡坎、斜坡等用相应的符号表示。冲沟底部应测注高程点，较大的可用符号和等高线配合表示。梯田坡坎顶及坡脚宽度在图上大于2mm时，应实测至坡脚。各种天然形成和人工修筑的坡坎，其坡度在70°以上时，可表示为陡坎，70°以下的表示为斜坡。斜坡在图上投影小于2mm时也可用陡坎表示。坡坎比高小于1/2等高距或在图上短于5mm时可以舍去。坡度在70°以下的石山和天然陡坎，可用等高线配合符号表示。露岩地、独立石、倒石堆、坑穴、陡坎、斜坡、梯田坎等应在上下分别注记高程或比高。

（8）地形图表示的各种树木名称、苗圃、灌木丛、散树、独立树、行树、竹林、经济林等，应正确反映分布状况；芦苇地、花圃、草地、沼泽地应表示在地形图中；树林要标注树的种类、高度。农业用地分稻田、旱地、菜地、经济作物和水生经济作物地等，表示作物以夏季作物为准，地形图田埂宽度在图上大于1mm用双线表示，田块内应测注有代表性的高程点。水田田埂不分大小均须测出。山地应测出各种特征点山顶、山脊、山梁、山谷、鞍部都必须准确测出其位置及标注高程，山顶洼地底部应绘示坡线。

（9）地理名称及各种注记是地形图的主要内容之一，是判读地形图的直接依据。图上所有居民地、工厂、道路（包括市、镇、街巷）、山岭、沟谷、河流等自然地理名称，均需进行调查核实、正确注记。

（10）每幅图的接边均应测出图廓外5mm，自由边在测绘过程中应加以检查，确保无误。

（11）地形图中应注记导线点、水准点编号及其高程，以及在测图范围内的国家三角点和水准点等位置及其注记。

2.5.2.17 提交成果资料。

（1）控制点成果表1份（纸质）；

（2）控制点点展图1份（纸质）；

（3）图幅结合表1份（纸质）；

（4）地形图总图1（纸质）份；

（5）地形图及总图数据光盘（DWG文件）1份；

（6）分幅图1套（纸质）；

（7）测区技术设计书1本（纸质）；

（8）测区检查验收报告1本（纸质）；

（9）测区技术总结报告1本（纸质）；

（10）控制点点之记1份；

（11）上述成果电子版1份。

土建工程

2.6.1 设计依据

光伏组件尺寸荷载应根据组件厂家提供的文件执行，成套成品的光伏支架系统尺寸荷载应根据厂家提供的文件执行。

2.6.2 光伏支架设计应符合的规定

2.6.2.1 光伏支架的设计使用年限宜为25年。支架选材要保证其通用性，宜采用钢材或铝合金材质，材质的选用和支架设计应符合《光伏发电站设计规范》（GB 50797）、《钢结构设计标准》（GB 50017）、《光伏支架结构设计规程》（NB/T 10115）、《光伏柔性支架设计与安装技术导则》（TCPIA 0047）的相关规定，并应结合地形特点论述支架布置方案。常用的光伏组件支架形式有：固定式支架、固定可调式支架、跟踪式支架、柔性支架等。

2.6.2.2 支架设计应按承载能力极限状态计算结构和构件的强度、稳定性以及连接强度，按正常使用极限状态计算结构和构件的变形。

2.6.2.3 支架结构设计应包括以下内容：

（1）地面光伏支架设计时，应按25年重现期确定基本风压和基本雪压。

光伏支架风、雪荷载的确定，应充分结合当地的地形条件、气象条件、极端天气状况，除参照荷载规范取值外，尚宜根据当地多年气象实测资料综合判定，宜搜寻当地气象站资料进行验证。25年重现期确定基本风压不应小于0.30kPa。

（2）光伏支架结构构件材料主材采用Q235、Q355、Q420钢。当采用高强耐候钢和其他新材料时，应充分考虑设计安全裕度并通过相应论证后使用。主要受力构件的钢板厚度应不小于2.0mm，连接件厚度应不小于3.0mm。柔性支架钢绞线宜采用规格15.2和17.8、强度1860MPa的高强度低松弛预应力钢绞线，锚具采用夹片锚或挤压锚等专用锚具，并具有防松和保护装置。大跨度柔性支架优先采用三锁结构。

（3）支架计算的荷载组合，应满足《光伏发电站设计规范》（GB 50797）、《光伏支架结构设计规程》（NB/T 10115）的相关规定。

（4）支架结构设计方案论述，设计计算方法说明以及节点连接设计等。支架柱设计、支架梁设计、檩条设计、支撑设计、连接和节点设计应符合《光伏支架结构设计规程》（NB/T 10115）要求。支架结构设计中节点的承载力应大于构件的承载力。节点构造符合结构计算假定，传力可靠，减少应力集中。

（5）钢支架及配件宜采用热浸镀锌防腐，镀锌层平均厚度不应小于55μm。光伏支架也可采用锌铝镁支架，板材厚度规格主要为0.8~3.0mm，镀层厚度不小于275g/m²。铝合金支架应进行表面防腐处理，可采用阳极氧化处理措施，阳极氧化膜的最小平均厚度弱腐蚀为15μm，中等腐蚀为20μm，强腐蚀为25μm。支架应采用防松螺母。光伏支架材质和防腐需满足光伏25年使用寿命的要求。

2.6.2.4 应依据防洪、内涝水位、当地复合光伏政策确定光伏组件最低点标高。

2.6.3 光伏组件支架基础设计应符合的规定

2.6.3.1 地面光伏组件支架基础设计应符合的规定

（1）支架基础设计应满足现行《太阳能发电站支架基础技术规范》（GB 51101）、《光伏支架结构设计规程》（NB/T 10115）、《光伏柔性支架设计与安装技术导则》（TCPIA 0047）的要求。

（2）支架基础设计时，应按50年重现期确定基本风压和基本雪压。设计安全等级不应小于上部支架结构设计安全等级。支架基础应进行承载力、稳定性、抗震、抗裂和变形验算，并结合环境条件，进行耐久性设计。

（3）支架与基础连接设计，宜采用螺栓连接。

（4）桩基础与上部支架的连接应连接可靠，支架与基础的连接必须采用固结点形式。对于地形起伏较大的场地，宜采取具有高度调节功能的设计。预埋螺栓宜采用 U 型 8.8 级 M16 以上螺栓，锚固长度不小于 400mm，灌注桩桩顶设预埋锚栓时，锚栓宜与桩身纵向钢筋焊接连接。立柱与基础采用钢管埋入方式时，钢立柱锚固长度不应小于 3D（D 为钢立柱管径或边长），且不应小于 300mm，应大于桩基露出长度，并宜深入地表以下 200mm 以上。当采用钢管立柱时，管内混凝土高度不宜小于 200mm。强腐蚀环境下不宜采用钢桩基础，腐蚀等级为中级以下土壤环境中钢桩基础的防腐处理可采用增加防腐余量等措施处理。

（5）应根据现场情况确定支架基础形式。根据承载性状，支架基础可分为桩基础和扩展式基础、锚杆基础、锚杆扩大头基础。支架基础宜采用桩基础，位于山区、平原的光伏宜采用微孔灌注桩基础或钢管螺旋桩基础，位于涉水地区的光伏宜采用预应力混凝土管桩或预制钢筋混凝土桩基础，位于山区岩石基础地区的光伏可采用微孔灌注桩和锚杆基础，位于滩涂、湖泊等地质较弱且采用柔性支架系统时的光伏宜采用预应力混凝土管桩或锚杆扩大头基础；当基础所在场地存在较强腐蚀性或存在局部沉降变形较大等因素时，可采用扩展式基础。光伏支架基础形式的选择应结合场地地形地貌、地下土性质及土层分布状况等因素进行多方案技术经济比选。对于复杂的山地，宜结合山地地质岩土情况进行多方案组合；对于鱼塘、湿地应分区块确定桩长。

（6）光伏支架采用桩基础时，桩基施工前应进行试桩。

（7）在季节性冻土地区，确定支架基础埋置深度时应考虑地基土冻胀性和场地冻结深度。

2.6.3.2 水面漂浮式光伏支架连接或基础设计尚应符合的规定

（1）对于浮体材料应进行耐久性方案比较，必要时进行专题论证。

（2）浮体应进行锚固设计，可与岸边、河（湖）底采用缆绳或其他方式固定。

2.6.4 升压变压器及逆变器基础设计应符合的规定

2.6.4.1 基础宜采用箱形基础，严寒地区应采用钢筋混凝土结构。防洪、内涝水位较高时，可采用预应力混凝土桩平台结构形式。

2.6.4.2 在地下水位较高或降雨较多的地区，应做好基础防水处理。

2.6.4.3 当防洪（潮）水位较高时，必要时抬升压变压器及逆变器基础。

2.6.4.4 当箱式变压器单台油量为1000kg以上时应设置集油池，容量满足箱式变压器的全部油量。集油池应大于变压器部分轮廓各1m。

2.6.4.5 逆变器周边易配置灭火装置。

电气设计

2.7.1 光伏电场接线形式

2.7.1.1 光伏发电系统按安装容量可分为下列三种系统：

　（1）小型光伏发电系统：安装容量小于等于6MW。

　（2）中型光伏发电系统：安装容量大于6MW和小于等于30MW。

　（3）大型光伏发电系统：安装容量大于30MW。

2.7.1.2 大、中型光伏发电站的发电系统宜采用多级汇流、分散逆变、集中并网方式；分散逆变后宜就地升压。

2.7.1.3 小型光伏发电站的发电系统根据光伏子方阵布置方案、并网点电压及位置等，技术经济比较后确定汇流箱、逆变器的配置方案。

2.7.1.4 根据光伏发电站容量、场址特点、光伏方阵布局光伏组件类别和逆变器的技术参数等条件，选择采用升压逆变一体机方案或组串式逆变器方案，确定汇流箱、逆变器及箱式变压器的配置、布置位置、型式及规格等。

2.7.1.5 光伏发电系统的接入设计应符合《光伏发电接入配电网设计规范》（GB/T 50865）、《光伏发电站接入电力系统设计规范》（GB/T 50866）、《光伏发电系统接入配电网技术规定》（GB/T 29319）和《光伏发电站接入电力系统技术规定》（GB/T 19964）的有关规定及当地相关部门要求。

2.7.1.6 光伏电场发电电压应根据接入系统要求和光伏电场安装容量确定，并宜按表2.7–1选取电压等级。

表 2.7-1　电源并网电压等级参考表

电源总容量范围	并网电压等级
8kW 及以下	220V
8~400kW	380V
400kW~6MW	10kV
6~50MW	20、35、66、110kV

2.7.2 主要电气设备选择

2.7.2.1 就地升压变压器

（1）就地升压变压器应符合《光伏发电工程电气设计规范》（NB/T 10128—2019）中 3.2.4 的要求。

（2）箱式升压变压器及相关配电装置宜采用预装式变电站。逆变器集成在预装式变电站内时，应满足安全、维护、防火等要求。

（3）变压器宜采用油浸式变压器，对于水上、农田、林地等有特殊要求的场所，应重点关注变压器油对环境的潜在风险，并提出相关措施。

（4）变压器宜选择自冷式、无励磁调压、低损耗电力变压器。变压器能耗水平应满足《电力变压器能效限定值及能效等级》（GB 20052）中的能耗要求。

（5）变压器额定容量选择应与接入的光伏发电单元输出功率相匹配。

（6）变压器低压侧宜采用断路器，高压侧可采用负荷开关—熔断器组合电器或断路器，断路器应能远方操作，高低压侧均应配置过电压保护装置。负荷开关转移电流的参数应满足《高压交流负荷开关　熔断器组合电器》（GB/T 16926）的有关规定，容量大于等于 3150kVA 以上的箱式变压器高压单元宜采用隔离开关＋真空断路器保护方式。

（7）箱式变压器的 380/220V 自用电源取自各自所带的干式变压器，采用单母线接线。箱式变压器宜采用电力专用在线式 UPS 电源，为箱式变压器测控、保护设备提供交流电源。UPS 电源容量为 2kVA，内置蓄电池，蓄电池容量应能满足 120min 停电需求。

（8）场内升压变压器采用油浸绝缘升压变压器，推荐采用箱式结构形式，箱式变压器型式可选用美式、欧式或华式箱式变压器。在沿海区域或高海拔地区可选用欧式箱式变压器，在内陆等环境条件许可的情况下，为节约投资，选用具有华式箱式变压器或美式箱式变压器。常用的箱式变压器有美式箱式变压器/欧式箱式变压器/华式箱式变压器三种特性，如表2.7-2所示。

表2.7-2 常用箱式变压器特性一览表

名称	特点	推荐适用电站
美式箱式变压器	结构紧凑体积小、安装方便，箱体散热性能好，适用性强，运行维护简单	平地，沙漠，丘陵
欧式箱式变压器（干式变压器）	采用各单元相互独立的结构，安装方便、性能可靠、防护能力强；发生故障，更换方便，高压负荷开关可进行遥控操作	水面，农（林、牧）光互补，沿海及其他特殊要求
华式箱式变压器	结构紧凑体积小、安装方便，性能可靠，箱体散热性能好，高压负荷开关可进行遥控操作	平地，沙漠，丘陵

（9）预装式变电站防护等级不应低于IP54，对于污秽等级d级及以上地区，其防护等级不应低于IP65。

（10）在高海拔地区，应采用高原型变压器，并对箱式变压器及相关配电装置的外绝缘和温升进行修正。

2.7.2.2 逆变器

（1）含变压器型的光伏逆变器中国加权效率不应低于96%，不含变压器型的光伏逆变器中国加权效率不应低于98%，10%负载下效率不低于96%。

（2）用于并网光伏发电系统的逆变器性能应能符合接入共用电网相关技术要求的规定。用于大、中型光伏发电站的逆变器还应具有低电压穿越、高电压穿越和连续穿越功能，同时具备保护逆变器自身不受损坏的功能；必须提供产品现场低电压（零电压）穿越和频率扰动测试报告。

（3）并网逆变器应具备自动运行/停止功能和最大功率跟踪控制（MPPT）功能，且宜选择MPPT跟踪电压范围尽量大、MPPT路数多的设备。

（4）集装箱式逆变器防护等级应不低于IP20，集装箱防护等级不低于IP54；

组串式逆变器应不低于IP65。

（5）逆变器应当提供具有相应资质的专业测试机构出具的符合国家标准（或其他国际标准）的可靠性测试报告，并给出标准号。

（6）逆变器应提供该规格产品已经通过国内质量认证机构（CGC，CQC）的认证证书。逆变器的使用寿命均不低于25年。

（7）逆变器必须采取滤波措施使输出电流能满足并网要求，要求总谐波畸变率不超过3%。

（8）根据逆变器的制造水平、技术成熟程度、技术性能和价格，结合光伏发电站装机规模、光伏方阵的布置形式、施工安装条件和设备运输条件，确定逆变器容量范围。并根据选定的逆变器单台容量范围，考虑与光伏发电单元的匹配、工程运行及后期维护等因素，确定逆变器的形式及主要技术参数。

（9）逆变器应按下列使用环境条件校验：

1）环境温度；

2）相对湿度；

3）海拔；

4）地震烈度；

5）污秽等级。

（10）对于使用在湿热带、工业污秽严重和沿海滩涂地区的逆变器，应考虑潮湿、污秽及盐雾的影响。

（11）对于使用在2000m及以上高原地区的逆变器，应选用高原型（G）产品或采取降容使用措施。

（12）远程集控、少人维护的逆变器应选用高可靠性、智能化的逆变器。

2.7.2.3 汇流箱

（1）光伏场汇流箱的技术要求应满足《光伏发电站汇流箱技术要求》（GB/T 34936）中的相关规定。汇流箱应根据环境条件、光伏发电单位规模、设备布置，对汇流箱的绝缘水平、额定电压、输入回路数、输入及输出额定电流等进行选择。

（2）对于大、中型光伏发电系统，宜选用不超过三种规格直流汇流箱。直流汇流箱采用的电缆载流量应不小于保护熔断器的额定电流。

（3）直流汇流箱接线应便于固定安装，采用挂式安装于光伏组件支架上，箱底距地或水面正常水位不低于0.8m。若场址区有洪涝危害，汇流箱底距最高洪水位应不小于0.5m。

（4）对于大、中型光伏发电系统，采用容量大于196kW组串式逆变器，可不经交流汇流箱，直接接入箱式变压器低压侧。

（5）对于小型光伏发电系统，采用较小容量的组串式逆变器，可经交流汇流箱低压（380/220V）直接并网，交流汇流箱选型应满足相关规程规范要求。

（6）直流汇流箱的输入回路应配置直流熔断器或直流断路器，直流汇流箱输出回路宜配置直流断路器。直流熔断器和直流断路器的选择应符合《低压熔断器 第6部分：太阳能光伏系统保护用熔断体的补充要求》（GB/T 13539.6）和《光伏系统用直流断路器通用技术要求》（GB/T 34581）的有关规定。

（7）交流汇流箱的输入回路应设置交流断路器，输出回路宜设置交流断路器或负荷开关。

（8）汇流箱母线应安装电涌保护器，直流汇流箱电涌保护器最大持续工作电压应大于直流系统电压，交流汇流箱电涌保护器最大持续工作电压应大于交流系统工作电压的1.15倍。

（9）室外汇流箱应有防腐、防锈、防暴晒等措施，汇流箱箱体的防护等级应不低于IP54，沙漠光伏、沿海光伏等地区室外交直流汇流箱的防护等级不低于IP65。

（10）汇流箱应按环境温度、相对湿度、海拔、污秽等级、地震烈度等使用环境条件进行性能参数校验。

（11）汇流箱应具有下列保护功能：

1）应设置防雷保护装置。

2）汇流箱的输入回路宜具有过电流保护。

3）汇流箱的输出回路应具有隔离保护措施。

4）宜设置监测装置。

2.7.3 电缆选择与敷设

2.7.3.1 电缆选择与敷设应符合国家现行标准《电力工程电缆设计标准》（GB 50217）、《光伏发电系统用电缆》（NB/T 42073）的有关规定。

2.7.3.2 电缆宜采用阻燃电缆。

2.7.3.3 确定电缆导体允许最小截面时，应考虑敷设方式、主要使用条件差异对电缆载流量的影响，校正后电缆实际载流量允许值应大于回路的工作电流。

2.7.3.4 对于集中式和集散式逆变器，连接光伏组件串、直流汇流箱和逆变器直流侧的直流电缆最大压降在标准测试条件下不宜超过2.0%，且各组串的压降宜一致。

2.7.3.5 对于组串式逆变器，连接光伏组件串和逆变器直流侧的直流电缆最大压降在标准测试条件下不宜超过1.0%；连接组串式逆变器和变压器低压侧交流电缆最大压降不宜超过3.0%。

2.7.3.6 光伏专用电缆垂直和水平方向沿光伏支架敷设，进、出地面和直埋敷设时穿管保护。

2.7.3.7 光伏阵列区内直埋电缆宜同沟敷设，动力电缆与控制电缆、光缆宜保证安全距离。

2.7.3.8 水面上固定安装的光伏发电站，电缆宜采取桥架敷设方式，电缆桥架的安装高度距最高洪水位应不小于0.5m。

2.7.3.9 水面漂浮式光伏发电站的电缆长度应考虑水位变化。

2.7.3.10 寒冷地区电缆应具备防寒功能，鼠蚁害地区电缆应具备防鼠蚁功能。

2.7.3.11 沙漠光伏发电站电缆选择及敷设应具备防啮齿动物的措施。

2.7.4 光伏电场电气设备布置

2.7.4.1 逆变器布置

（1）逆变器宜布置在相应光伏阵列的中心，集中式、集散式逆变器宜靠近主通道布置。

（2）建设于水面上的光伏发电工程，在技术经济合理的前提下，逆变器宜靠近岸边或巡视通道布置。

（3）组串式逆变器宜安装于光伏支架或独立支架上。

（4）光伏阵列各子阵数据采集装置，可组屏安装于逆变器室内或室外独立安装，也可与就地升压箱式变压器测控装置功能集成为一体化综合测控装置，布置在就地升压箱式变压器内。

2.7.4.2 汇流箱布置

（1）汇流箱宜布置在汇流区域的中心，避免暴晒。

（2）宜安装于光伏支架或独立支架上。

（3）应便于维护。

2.7.4.3 箱式变压器布置

（1）地面光伏发电工程的就地升压变压器应结合光伏阵列、逆变器、集电线路、道路布置情况及运行维护等要求确定布置位置，宜布置在光伏阵列中心且靠近主通道。

（2）建设于水面上的光伏发电工程，就地升压变压器宜靠近岸边或巡视通道。

2.7.5 光伏电场过电压保护及接地

2.7.5.1 光伏场区的过电压保护及接地的设计应符合现行《交流电气装置的过电压保护和绝缘配合设计规范》（GB/T 50064）、《交流电气装置的接地设计规范》（GB/T 50065）、《光伏发电站防雷技术要求》（GB/T 32512）、《光伏发电工程电气设计规范》（NB/T 10128）的相关规定。

2.7.5.2 升压箱式变压器的高、低压侧均应装设避雷器，其中低压侧可选装低压浪涌保护器，检修变压器低压侧220/380V系统应设置低压浪涌保护器。

2.7.5.3 光伏阵列区接地网应利用支架基础的金属构件。

2.7.5.4 光伏组件金属边框应可靠接地。

2.7.5.5 接地设计应根据实测土壤电阻率和短路电流计算结果，对接地装置区域进行接地电阻计算。光伏发电工程光伏阵列接地装置的工频接地电阻不应大于4Ω。对于高土壤电阻率地区，常规接地方法不能满足要求的光伏发电站，应进行专题研究论证，提出具体解决措施。

2.7.5.6 接地材料优先采用热镀锌钢材；对于土壤具有中高腐蚀性或布置于水面、滩涂等特殊条件下的场址，接地装置防腐设计应根据土壤腐蚀性、土壤电阻率等情况确定，宜按《电力工程地下金属构筑物防腐技术导则》（DL/T 5394）的相关要求执行。当采用铜或铜覆钢时，应做专题论证。

2.7.5.7 沙漠光伏发电站光伏场区的接地工程应根据视电阻率测试结果、测试时的天气及地基土湿度等条件，并结合沙漠光伏发电站季节变化导致的接地电阻值变化在可研阶段做专题研究降阻措施。

2.7.6 光伏场区设备监控与保护

2.7.6.1 光伏场区设备的就地控制、保护、测量设备及监控系统的具体要求应满足《光伏发电站设计规范》（GB 50797）、《光伏发电工程电气设计规范》（NB/T

10128）、《光伏发电站继电保护技术规范》（GB/T 32900）的相关规定。

2.7.6.2 光伏发电站中电力设备继电保护的配置应满足《光伏发电站继电保护技术规范》（GB/T 32900）和《继电保护和安全自动装置技术规程》（GB/T 14285）的有关规定。

2.7.6.3 光伏发电站总的监控系统配置应满足《光伏发电站监控系统技术要求》（GB/T 31366）的有关规定。

2.7.6.4 采用集中式逆变器、集散式逆变器方案时，每个光伏方阵中应配置1套智能控制单元。智能控制单元就地采集箱式变压器信息，同时与光伏方阵内的逆变器、直流汇流箱、跟踪系统、环境监测站等设备进行通信，再通过光纤接口接入光伏场的光纤环网中。

2.7.6.5 采用组串式逆变器方案时，每个光伏方阵中应配置1套智能通信箱。智能通信箱就地采集箱式变压器信息，并与光伏方阵内的逆变器、跟踪系统、环境监测站等设备进行通信，再通过光纤接口接入光伏场的光纤环网中。其中智能通信箱与组串式逆变器之间可采用电力载波通信方式，无须单独敷设通信线缆。

2.7.6.6 光伏场区就地升压变压器保护配置应符合《继电保护和安全自动装置技术规程》（GB/T 14285）及《光伏发电站继电保护技术规范》（GB/T 32900）的相关规定。就地升压变压器内应配置保护测控一体化装置，保护测控一体化装置应具备完善的电流速断、过电流保护、非电量保护等功能，可实现就地升压变压器的测量、控制、保护，同时具备通信接口、规约转换、光纤组网功能，保护测控一体化装置经光缆传输至变电站监控系统。

2.7.6.7 光伏电场监控系统。光伏电场监控系统包括逆变器就地控制单元和光伏发电站集中控制系统。

（1）逆变器就地控制设备主要功能包括：控制逆变器开/停机、控制逆变器同期并网、对逆变器进行功率控制、监视逆变器运行状态。

（2）逆变器集中控制系统主要功能包括：逆变器就地控制单元与光伏发电站集中控制系统通信功能、逆变器集中监控功能、逆变器或箱式变压器的"四遥"功能、与远方调度系统的通信功能。

（3）跟踪系统应符合《光伏电站太阳跟踪系统技术要求》（GB/T 29320）的相关规定。跟踪系统宜采用主动跟踪，并具备通信端口，且宜采用闭环控制方式，位置反馈信号采集宜采用角度传感器，跟踪效果反馈信息宜采用对应组串的实时功率或电流信号。跟踪系统的跟踪精度不应低于 ±3°。

（4）光伏发电站应配置视频监控系统，所配置的视频监控系统应做到全覆盖无死角，以便做到防火、防盗、防破坏，在光伏场区出入口、逆变器、箱式变压器处、光伏区周边围栏、各配电室、保护室等重点设置。

2.7.6.8 光伏场区内每个光伏逆变升压单元均应配置纵向加密认证装置，满足国调中心网络安全防护的要求。

2.7.6.9 光伏电场元件保护。

（1）逆变器。

1）配置交流频率、交流电压及交流侧短路保护，动作于跳闸。

2）配置直流过电及直流过载保护，动作于跳闸。

3）配置直流极性误接保护，当光伏方阵线缆的极性与逆变器直流侧接线端子极性接反，逆变器应能保护不至损坏。极性正接后，逆变器应能正常运行。

4）配置反充电保护，当逆变器直流侧电压低于允许工作范围或逆变器处于关机状态时，逆变器直流侧应无反向电流流过。

5）逆变器保护性能应满足《光伏并网逆变器技术规范》（NB/T 32004）。

（2）箱式变压器保护配置。

1）根据《继电保护和安全自动装置技术规程》（GB/T 14285）和《光伏发电站继电保护技术规范》（GB/T 32900）的要求，箱式变压器应采用可靠的保护方案，确保变压器故障的快速切除。

2）箱式变压器高压侧未配有断路器时，其高压侧可配置熔断器加负荷开关作为变压器的短路保护，应校核其性能参数，确保满足运行要求。

3）箱式变压器高压侧配有断路器时，应配置变压器保护装置，具备完善的电流速断、过电流和过负荷保护功能。

4）箱式变电压器低压侧设置空气断路器时，可通过电流脱扣器实现逆变器出口至变压器低压侧的短路保护。

5）单元变压器配置非电量保护。

2.7.7 光伏电场通信系统

2.7.7.1 光伏电场场内通信设计应满足集团公司远程集控中心的具体要求，同时满足接入系统意见。

2.7.7.2 光伏电场场内通信应包含场内生产调度、管理通信系统和光伏电场数据通信。

2.7.7.3 光伏电场分散布置的电气设备之间及其与监控中心/集控中心的数据通信应通过通信光缆/电缆连接实现。通信速率应满足实时监控的要求。

2.7.7.4 线路采用架空方式时，光缆应采用OPGW；线路采用地埋方式时，光缆型号应采用GYFTA53；进入升压站/开关站时，光缆型号应采用GYFTZY。

2.7.7.5 光伏电场光纤环网通信，应采取"跳接"接线方式，控制环网交换机之间的光缆长度。如光缆长度超过20km，需要与风机厂家沟通，明确处理方案。

2.7.8 视频监控系统

2.7.8.1 大、中型光伏发电工程的光伏发电站宜设置安全防护设施，该设施可包括：围栏、入侵报警系统、视频安防系统和出入口控制系统等，并能相互联动。相关设备应满足《安全防范工程技术标准》（GB 50348）的要求。

2.7.8.2 视频安防监控系统设置应符合《视频安防监控系统工程设计规范》（GB 50395）的有关规定，并应具有对图像信号的分配、切换、存储、还原、远传等功能。

2.7.8.3 视频监控系统应做到有效覆盖，在场区出入口、逆变器、箱式变压器及厂区围栏等处重点设置。

2.7.8.4 光伏阵列区周界视频监视系统前端设备电源宜就近取自光伏阵列区箱式变压器。

2.8

集电线路

2.8.1 总体设计原则

2.8.1.1 本部分内容适用于光伏电场场内10、35、66kV电压等级的集电线路设计。

2.8.1.2 光伏场区以内的集电线路宜采用电缆的输送方式，光伏场区以外的集电线路宜采用架空方式，并考虑合适的避让距离以免对光伏组件的影响。对于场区比较集中的情况也可全场采用电缆。

2.8.1.3 光伏电场场内通信设计宜依照"远程集控、远程诊断、少人维护"光伏发电执行，同时满足接入系统意见。

2.8.1.4 集电线路压降损失宜控制在5%以内。

2.8.1.5 采用架空线路时，架空线路经过耕地及村庄附近，导线弧垂最低点距离地面不小于10m，其余对地距离和交叉跨越的距离应满足《66kV及以下架空电力线路设计规范》（GB 50061）的要求。

2.8.1.6 集电线路宜布置在道路的一侧，尽量避免来回跨（电缆下钻）越场内道路；杆塔尽量布置在山坡阳面，并考虑微气象条件的影响。

2.8.1.7 对于长距离电缆线路段，原则上每2km内（根据中间接头位置调整）装设1台电缆分接箱替换电缆接头井。

2.8.1.8 对于架空线路，集电线系统过电压保护可参照现行《风力发电场集电系统过电压保护技术规范》（NB/T 31057）和《多雷区风电场集电线路防雷改造技术规范》（NB/T 10590）的相关规定执行。

2.8.2 总体方案

2.8.2.1 保护区、景区等周边有景观要求以及重覆冰区域等不适合采用架空的地区，不同地块之间可全线采用地埋电缆的方案。光伏电场内35kV电缆优先采用铝芯电缆。

2.8.2.2 应重点排查影响线路路径及方案的限制性因素，如压覆矿、保护区、基本农田、林地、坟地、军事设施、高速公路、铁路、已有高压线路等。

2.8.2.3 应结合升压站/开关站站址情况，对集电线路路径方案进行不少于两个方案的技术经济比选，并给出推荐方案。

2.8.3 气象条件

2.8.3.1 气象条件选择，应收集光伏场所在地气象站历年气象资料，确定最高气温、最低气温、年平均气温、最大风速、最大覆冰、雷暴日、最大冻土深度、地表水深度的数据。

2.8.3.2 应结合地形判断是否存在微气象条件。长线路宜选用相应区段的气象条件。

2.8.3.3 宜借鉴当地成熟运行经验的输电线路气象条件。

2.8.4 导线和地线

2.8.4.1 架空线路导线应结合各回输送容量和电压损失分段选用导线截面，同一个工程中导线型号不宜超过三种。

2.8.4.2 导线材质应优先选用钢芯铝绞线。

2.8.4.3 35kV 及以上架空线路地线应考虑通信的要求，采用 OPGW 地线（单回线路不少于24芯，双回线路不少于48芯）；10kV 架空线路可采用 ADSS 作为通信线。

2.8.4.4 导线防振：按技术经济条件，选取导线的安全系数、最大使用应力和平均运行应力，并结合光伏电场内的地形、地貌及使用挡距情况，确定导线的防振措施。地线的防振措施原则上与导线相同。

2.8.5 绝缘配合

2.8.5.1 按照线路所在地的污秽等级、雷暴日、海拔等计算绝缘子片数，绝缘子应采用瓷质耐污绝缘子或玻璃质耐污绝缘子。

2.8.5.2 线路经过农田或者村庄附近不得采用玻璃质绝缘子。悬垂绝缘子第一片应采用大帽型。同塔双回的两回线路应采用不平衡绝缘配置。

2.8.5.3 导、地线金具采用《金具手册》中国产定型产品。绝缘子串宜优先采用国家电网公司或南方电网公司通用模块。

2.8.6 架空线路抗风、抗冰、防雷措施

2.8.6.1 架空线路应采取的抗风措施

（1）导线、地线固定处应加装预绞丝护线条进行保护。

（2）针对档距大、高差大的架空线路段，适当采用相间间隔棒。

（3）导线、跳线、引下线、避雷器接地引线、电缆屏蔽线的弧垂长度需尽量减少。

（4）铜铝过渡线夹应采用面贴面型线夹（钎焊型线夹）。

（5）铁塔上应采用防风型跌落式熔断器或隔离开关；采用有明显断开点的华式箱式变压器时，铁塔上可不配置跌落式熔断器或隔离开关。

2.8.6.2 架空线路应采取的抗冰措施

（1）尽量避开暴露的山顶、横跨垭口、风道等容易形成严重覆冰的微气象地段。

（2）重点关注风口、高落差、大档距区域，可提高杆塔材质强度，减少线

路档距；增加线路耐张塔数量；转角角度不宜过大，耐张段不宜超过3km。

2.8.6.3 架空线路应采取的防雷、防鸟害措施

（1）在架空地线与铁塔之间加装跨接线。

（2）应选择大爬距的绝缘子。

（3）在山顶、空旷、高差大等易发生雷击的线路段，应增加线路避雷器。在较长架空线路且雷暴较多区段，原则上每千米加装1组。避雷器应加装放电计数器。

（4）悬挂式避雷器应与绝缘子并联安装，不得将避雷器替代悬垂绝缘子串使用。

（5）鸟害地区的杆塔应加装防鸟刺或驱鸟器。

2.8.7 杆塔和基础

2.8.7.1 架空线路杆塔应采用国家电网公司或南方电网公司成熟塔型，超出原杆塔设计条件时需重新复核验算。

2.8.7.2 铁塔、连接螺栓及接地引下线应采用热镀锌防腐工艺。铁塔8m及以下应采用防盗螺栓，8m以上应配防松螺母。

2.8.7.3 杆塔基础应根据不同的地质条件采用适宜的基础型式，有条件地区应优先采用原状土基础。山区高差较大区段的铁塔应采用长短腿设计。

2.8.8 电缆上塔和接地

2.8.8.1 跌落式熔断器（或柱上隔离开关）的安装高度一般为距离地面5~6m，平原区取高值，山区取低值。

2.8.8.2 导线下塔段的支撑绝缘子距离不宜大于2.0m；支撑绝缘子端部配置专用导线夹具。

2.8.8.3 集电线路铁塔应逐基接地，铁塔接地电阻值不大于10Ω，其中光伏电场侧线路电缆上塔处铁塔和升压站/开关站侧终端塔接地电阻值应不大于4Ω。铁塔与接地引线采用双螺栓连接。

2.8.9 地埋电缆及地埋光缆

2.8.9.1 电缆设计应满足《电力工程电缆设计标准》（GB 50217）的有关规定。

2.8.9.2 光伏场内电缆宜沿道路敷设，经过农田地区的电缆应加大埋深，保证电缆敷设于耕种层以下。

2.8.9.3 应避免电缆遭受机械性外力、热源、腐蚀及水害冲刷等危害。

2.8.9.4 满足安全要求条件下,应保证电缆路径最短,应便于敷设及运行维护。

2.8.9.5 一般平原地区优先采用铝芯电缆;对于山区或者土壤有湿陷性的地区优先采用铝合金芯电缆。

2.8.9.6 终端塔至升压站/开关站的电缆应采用铜缆,截面大于$300mm^2$的进站电缆宜采用单芯电缆。三芯电缆采用两端直接接地,单芯电缆采用一端直接接地,另一端保护接地。

2.8.9.7 寒冷地区电缆应具备防寒功能,鼠蚁害地区电缆应具备防鼠蚁功能。接入充气式开关柜时,电缆终端应采用插拔头型式。

2.8.9.8 光伏场内通过箱式变压器直接串接的箱式变压器数量较多且存在电缆回转较大时,宜增加电缆分接箱连接。电缆分接箱的防护等级宜与箱式变压器相同,且不应低于IP54。电缆分接箱应配置防误操作电磁锁;主线侧应配置一组隔离开关。

2.8.9.9 电缆中间接头处应设电缆接头井或电缆分接箱,禁止电缆中间接头直埋;电缆接头井应具备防、排水功能。场内采用地埋方式敷设的光缆型号宜采用GYFTA53,场内采用桥架方式敷设的光缆可采用GYFTY63。进站光缆型号宜采用GYFTZY。

2.9

总图及场地设计

2.9.1 光伏场区布置

(1)集中式光伏发电工程采用组串式逆变器时,组串式逆变器布置位置宜经技术经济比较后确定,且宜布置在光伏阵列内通风良好的背光区域。箱式变电站或逆变升压一体机宜布置在主要通道及运维通道两侧。

(2)阵列宜确保每天当地真太阳时9:00~15:00时段内不受箱式变压器、建筑、树木、前方光伏组件等的遮挡。若光伏发电实际情况不满足该条件,应确保阵列最大程度不受阴影遮挡,统计阴影遮挡损失,在总平面布置图中说明阴影遮挡情况，并在发电量计算中给予相应折减。

（3）土地不够用时，除按照全年9:00~15:00不遮挡的山地范围区域内判断外，可按照项目收益率IRR反推组件面辐照量，以此为限值缩短组件南北方向前后间距，以增加安装容量。

2.9.1.1 复杂地形地面光伏发电工程

（1）选地一般要求：南向坡度40°，东西向坡度20°。土地不够的时候，坡度可以调整为南向坡度50°，东西坡度30°，北向坡度10°，对应的发电量以及布置应进行专篇研究。

（2）土地不够用时，除按照全年9:00~15:00不遮挡的山地范围区域内判断外，可按照项目收益率IRR反推组件面辐照量，以此为限值进行区域内排查选地或缩短组件南北方向前后间距，以增加用地范围和安装容量。

（3）阵列布置上，应导入各区域的地平线，判断区域内各地块遮挡主导因素。受组件本身遮挡影响较大[条件：满足上述一般要求，或者设计倾角地平线反推太阳时不遮挡（一般7:00~17:00），或布置区域位于大部分坡头、布置区域前方无明显山体遮挡、区域内总体坡度小于设计倾角等]，优先建议采用东西向随坡，正南布置。

（4）受组件本身遮挡影响较大，地形为台阶、梯田或者用地紧张时，应在同时满足以下要求的情况下，可采用顺等高线布置：

1）单独进行详细、精确的技术经济测算。

2）采用差额投资内部收益率法对"东西向随坡，正南布置"和"顺等高线布置"进行比较分析，且结果显示"顺等高线布置"更优。

3）单独技术经济测算结果中，其税前全投资内部收益率不小于项目整体值，且应不小于集团规定的最低值。

（5）区域内受山体遮挡影响较大，但是其所在区域计算辐照量满足收益率指标下，建议根据其坡度坡向，合理优化组件面的真实倾角和方位角。根据收益率反推组件面辐照量限定阈值，确定组件面的真实倾角和方位角允许变化的范围。（山体坡度越大，组件受前面阵列遮挡影响较小。）

（6）区域内受山体遮挡影响较大时，应着重对组件面的真实倾角控制，对真实方位角适度放宽。

（7）区域内受山体遮挡影响较大时，可通过顺等高线布置、切线布置等方式，合理优化阵列布置。土地资源受限，在保证收益率下提高装机容量为目标，或者在安装容量满足下，以提高组件面辐照量为目标进行优化布置。

（8）可利用柔性支架的方式进行布置。受组件本身遮挡影响较大为主导因素，支架建议按照东西向方向布置。

（9）山体遮挡影响较大时，柔性支架布置不建议按照完全垂直于等高线的方向进行布置，可能导致组件面与坡度一致，造成偏离组件面辐照量最大倾角，造成发电量损失。建议按照切线布置的方式，在等高线切线方向上偏东或偏西调整一定角度（坡向方向），合理优化组件面真实倾角和方位角。

2.9.1.2 水面光伏发电工程

（1）光伏阵列布置对阳光的遮挡不应对水域生态有较大不利影响。渔光互补项目应符合水体生物养殖的阳光需求，应预留鱼道沟投食捕捞区等位置。

（2）站区运维检修通道可为水面航道、堤坝道路、栈桥等型式，并宜综合考虑水体养殖等综合利用通道。

（3）光伏发电站的升压站/开关站、集控室等宜布置在陆地，经技术经济比较或陆地方案不可行的情况下，也可采用点式或集中式水上桩基平台。技术经济合理的还可采用漂浮式升压站/开关站等。

（4）漂浮式光伏发电单元宜按规则的矩形布置。集中式逆变升压一体机、箱式变压器置于水中时，可采用漂浮式设备平台，置于发电单元的几何中心，并将发电单元分为接近等容量的两个半区。

（5）光伏发电站专用水域应考虑进、排水设施。

2.9.2 对外交通方案

2.9.2.1 道路分类、使用功能和基本设计原则。结合现场地形，合理避让敏感性用地。避免或减少路基跨越沟渠、不良地质地段等。总体以安全、稳定、通达、高效为原则。

（1）外部交通。明确场区所在区域路网状况，规划高等级公路入场路线，离开高速或国道等路线的收费站选择。

（2）进场道路。明确由运输车辆出收费站处，至场区边界或与设备厂商运输合同约定的分界点之间的进场路线，对沿线限高、限宽、交叉口及转弯拓宽等改扩建位置详细统计并提供解决方案，其中需有针对性的区分是否通行主变压器一类的大型设备，对不通行该类大型设备的进场路线进行优化。

（3）进站道路。进站道路考虑主变压器运输，区分主变压器临时运输阶段和电站运行维护阶段，路基、路面宽度和圆曲线半径的异同。

（4）场内道路。场内道路主要使用功能以箱式变压器运输和安装为主，各光伏阵列的基础、支架、组件等运输和安装为辅，还包括各个阵列之间的交通连接。

2.9.2.2 道路平面设计应符合的规定。

（1）平原项目。施工期道路选线主要受村庄建构筑物、电杆、架空线、路灯、标志牌等、农田里面的灌溉水渠及坟地等因素限制。运维期道路可考虑利用既有乡村道路。

（2）丘陵项目。道路主要受山下村庄建构筑物等因素限制，山上主要受地形条件限制，选线需控制道路最大纵坡在规范要求以内。

（3）山地项目。道路选线受地形、地质条件影响较大，应首先确定地形控制点，拟定路线布设位置。对于长大纵坡路段，应调整平面线形使之与纵断面相适应。

对于平原、丘陵、山地光伏项目，道路选线需遵循的原则，详见表2.9-1。

表 2.9-1　道路选线原则

地形条件	平原区	丘陵区	山地区
选线原则	宜避免穿越村镇	宜避免穿越村镇	避免穿越滑坡、泥石流等不良土质路段
	宜避免或减少电杆、架空线、路灯、标志牌等地表附属物的拆改	宜避免或减少电杆、架空线、路灯、标志牌等地表附属物的拆改	避免穿越陡崖等施工难度较大路段
	宜减少沟渠跨越	宜减少冲沟、河沟的跨越	宜减少冲沟、河沟的跨越
	利用乡村水泥道路，需考虑后期路面压坏后修复	道路宜不占或少占耕地、林地	宜选择坡面整齐、横坡平缓、地质条件好、无支脉横隔的向阳一侧
	宜不占或少占耕地、林地		宜不占或少占林地
	穿越农田的道路应考虑征地协调，宜平行于田埂穿越		

路线平面不论转角大小，均应设置圆曲线，圆曲线最小半径9m。场内道路原则上不设置超高，视项目具体情况设置圆曲线加宽。

2.9.2.3 道路纵断面设计应符合的规定。

（1）新建干线道路最大纵坡不宜大于12%，支线道路最大纵坡不宜大于15%。最大纵坡确需增大时应进行论证，且不应超过表2.9-2的规定。

表2.9-2 对外道路纵坡要求

设计条件	干线道路		支线道路	
	上坡	下坡	上坡	下坡
最大纵坡（%）	15	12	18	15

（2）道路的纵坡不应小于0.3%。

（3）道路纵坡的最小坡长应不小于50m，条件受限制时应不小于40m。

（4）回头曲线段最大纵坡不大于4.5%。

（5）道路与光伏阵列场地平整相结合，在满足使用功能的前提下，纵断面设计尽量顺应原有地形，避免高填深挖。

2.9.2.4 道路横断面设计应符合的规定。光伏发电站场内道路一般情况采用整体式路基。路面宽度4.0m，路基宽度4.5m。极度受限的个别路段路面3.5m，路基4.0m。不设硬路肩，土路肩宽度可依据实际情况设定，路基宽度较小的可不设置路肩，实行路面满铺。

2.9.2.5 路基设计。

（1）对于平原、丘陵、山地光伏项目，道路路基按4.5m宽进行设计。

（2）结合光伏道路的特点，光伏道路尽可能根据原地面地形进行设计，避免大挖大填。

（3）路基压实度及填料要求见表2.9-3。

表2.9-3 路基压实度及填料要求

项目分类		路面底面以下深度（cm）	填料最小强度（CBR）（%）	压实度（重型）（%）
填方路基	上路床	0~30	5	≥94
	下路床	30~80	3	≥94
	上路堤	80~150	3	≥93
	下路堤	150以下	2	≥90
零填及挖方路堑路肩		0~30	5	≥94

（4）特殊路基处理。对于软土/沙漠区/淤泥质土路基一般采用换填方式进行处理，具体换填材料及换填深度可参照表2.9-4取值。项目实施阶段，应设置试验路段，论证换填的具体深度，最终以重车碾压（单轴重大于等于20t）后，路基无明显变形为准。

表 2.9-4　特殊路基换填材料及换填深度建议值

特殊地质条件	平原水田	平原旱地	盐碱地区	沙漠地区	山地弹簧土区
换填材料	建筑碎料	建筑碎料	建筑碎料	山皮石	山皮石
换填深度（cm）	50~80	30~50	70~100	40~60	100~200

路基换填应先将路基表层软土、腐殖土、淤泥质土以及树根、杂草等清理干净，再分层换填，分层压实，压实度须满足表2.9-3的要求，换填粒径底层不大于300mm，上层粒径需小于下层粒径，路基最后一层换填粒径不大于100mm。

2.9.2.6　路面设计。

（1）道路路面设计应结合现场情况，因地制宜确定路面结构型式及填筑材料，在水面光伏项目中，应充分考虑填筑材料对水环境的影响。

（2）各种路面材料要求如表2.9-5所示。

表 2.9-5　路面材料技术要求汇总表

路面材料	技术要求
泥结碎石	粒径控制15~35mm，黏土用量不超过总重的15%~18%，石料强度等级不低于Ⅳ级
建筑碎料	粒径控制50~100mm，不得含有生活垃圾，强度不低于MU30
砂石路	最大粒径不超过100mm，粒径20mm以上粗集料占比不低于40%，粒径0.5mm以下的细集料占比不超过15%，石料强度等级不低于Ⅳ级
山皮石	粒径控制20~100mm，山皮石含土量不超过总重的20%，石料强度等级不低于Ⅳ级

2.9.2.7　排水设计。光伏道路排水边沟主要有土质边沟、浆砌石边沟、现浇混凝土边沟和预制混凝土U形槽等形式，对于平原、丘陵、山地三种地形条件，具体设计指标如表2.9-6所示。

表2.9-6 排水沟设计技术指标

地形条件	平原	丘陵/山地		
排水沟形式	土质排水沟	M7.5浆砌石矩形边沟	C25混凝土现浇矩形边沟	预制混凝土（C25）U形槽
适用条件	雨水较多地区临时性排水。边坡值和最大设计流速根据土质条件按《室外排水设计标准》（GB 50014）相关条款执行	纵坡较大，雨水冲刷严重的路段；石料可就地取材。最大设计流速取3m/s	纵坡较大，雨水冲刷严重路段；石料取材不便，且工期紧张。最大设计流速取4m/s	纵坡较大，雨水冲刷严重路段；石料取材不便，且工期紧张。最大设计流速取4m/s
设置位置	道路两侧	道路挖方边坡坡脚处		
砌筑厚度（cm）		20	15	6

2.9.2.8 防护设计。光伏场区道路边坡高度一般较低，对于边坡高度小于3m的一般路段，可不进行防护。边坡高度大于3m且小于6m的可设置喷播植草绿化防护，对于边坡高度较大，地形复杂地段，一般采用挡土墙形式进行防护，挡土墙形式中重力式挡墙最常用，参照《公路挡土墙设计与施工技术细则》（中交第二公路勘察设计研究院有限公司主编），同时结合光伏道路的特点，总结光伏道路挡土墙的具体适用条件如表2.9-7所示。

表2.9-7 重力式挡土墙形式及适用条件建议表

挡土墙形式	适用高度（m）	设置位置	备注
俯斜式	1~5	用于道路路堤边坡坡脚防护	重力式挡土墙高度不宜超过8m，若大于8m，应进行挡土墙稳定性验算
直立式	1~5	用于道路路堤边坡坡脚防护	
仰斜式	1~10	用于道路路堑边坡防护	
衡重式	3~12	用于道路填方边坡路肩防护	

道路转弯陡坡段或悬崖峭壁一侧需在设计时考虑防撞装置的设计方案。

2.9.2.9 山地光伏项目，对因地势陡峭或光伏阵列可用地块面积有限，导致场内道路严重受限的个别路段，路基、路面宽度、转弯半径以及道路纵坡度标准可酌情降低一级，但不可影响车辆的安全稳定通行。

2.9.2.10 农光互补项目，路基宽度还应满足农业或渔业运输车辆或设备的通行条件，并充分结合项目农业设施空间需求。

2.9.2.11 渔光互补等水面光伏项目，需合理并充分利用既有水面间的土埂、圩堤、小路等作为路基基底，充分考虑场内道路重载交通量对路基沉降产生的影响，对特殊路段需特殊设计抛石挤淤、挖淤换填，明确水下、池（塘）底淤泥下路基填筑工程量的计量方法，有必要的需在开工前期进行试验路段填筑施工。

2.9.2.12 沙漠、戈壁、荒漠光伏项目，路线规划以高效直达为原则，配合光伏阵列划分务求总体路线规律、美观，对个别集中降水、汇水产生的冲沟，汇集水源集中利用，或分而治之，最终散排，以避免冲沟扩大、移位。

2.9.2.13 错车道和转车平台一般考虑结合箱式变压器平面位置处或场内道路平面交叉口处，不受安装后的光伏相关组件和设备影响即可。

2.9.2.14 对可行的方案进行经济技术比较，选用道路改扩建、构造物加固或拆除工程量较少的方案。

2.9.3 场内施工道路设计

2.9.3.1 道路横断面设计。光伏发电站场内道路一般情况采用整体式路基。路基宽度4.5m。农光互补或渔光互补项目，路基宽度还应满足农业或渔业运输车辆或设备的通行条件。

2.9.3.2 道路纵断面设计。

（1）建干线道路最大纵坡不宜大于12%，支线道路最大纵坡不宜大于15%。最大纵坡确需增大时应进行论证，且不应超过表2.9-8场内道路纵坡度要求规定。

表2.9-8　场内道路纵坡度要求

设计条件	干线道路		支线道路	
	上坡	下坡	上坡	下坡
最大纵坡（%）	15	12	18	15

（2）道路的纵坡不应小于0.3%。

（3）道路纵坡的最小坡长应不小于50m，条件受限制时应不小于40m。

（4）回头曲线段最大纵坡不大于4.5%。

2.9.3.3 道路路面设计应结合现场情况，因地制宜确定路面结构型式及填筑材料。

2.10

消防设计

（1）光伏场消防设计应贯彻"预防为主，消防结合"的方针，遵守《光伏发电站设计规范》（GB 50797）、《火力发电厂与变电站设计防火标准》（GB 50229）、《建筑设计防火规范》（GB 50016）、《建筑灭火器配置设计规范》（GB 50140）、《电力设备典型消防规程》（DL 5027）中的相关要求；同时需考虑当地消防部门的意见。

（2）在光伏场区箱式变压器和逆变器附近配备移动式灭火器进行保护，当箱式变压器采用油浸式变压器时，可配置1m³消防沙箱、消防铲进行保护。

（3）光伏场区宜布置环形消防通道，消防车沿光伏场区内道路可到达箱式变压器及逆变器附近进行灭火。

3 升压站／开关站设计

3.1

接入系统设计

3.1.1 设计原则

3.1.1.1 光伏电场接入应满足《光伏发电站接入电力系统设计规范》（GB/T 50866）以及其他有关光伏电场接入电力系统的相关规程规范，最终以每个项目接入电力系统批复意见为准。

3.1.1.2 接入电力系统方案设计应从全网出发，合理布局，消除薄弱环节，加强受端主干网络，增强抗事故干扰能力，简化网络结构，降低损耗。

3.1.1.3 网络结构应满足光伏发电场规划容量送出的要求，同时兼顾地区电力负荷发展的需要，遵循就近、稳定的原则。

3.1.1.4 电能质量应能满足光伏电场运行的基本标准。

3.1.1.5 应节省投资和年运行费用，使年计算费用最小，并考虑分期建设和过渡的方便。

3.1.1.6 选择电压等级应符合国家电压标准，电压损失符合《电能质量 供电电压偏差》（GB/T 12325）要求。

3.1.1.7 对于个别地区电网要求送出线路由项目公司自筹资金建设时应根据当地电网造价概算单列。

3.1.1.8 光伏电场接入系统设计，应执行电网主管部门关于光伏电场接入系统设计的有关要求，并复核其时效性。

3.1.2 一次接入系统条件

3.1.2.1 根据光伏电场装机容量和地区电网的电力装机、电力输送、网架结构情况，确定光伏电场参与电网电力电量平衡的区域范围；光伏电场的发电量优先考虑在光伏电场所在地区的电网消纳，以减少输配电成本。

3.1.2.2 收集当地电网规划和当地电网对可再生能源接入系统的规定，了解电网对光伏电场穿透极限功率的具体规定，电网可接纳的光伏电场容量，以确定光伏电场可装机的最大容量。

3.1.2.3 光伏电场宜以一级电压辐射式接入电网，接网线路回路数不考虑"$N-1$"原则。光伏电场主变压器高压侧配电装置不宜有电网穿越功率通过。

3.1.2.4 接入系统应考虑"就近、稳定"的原则，一般100MW以下光伏电场接入110kV及以下电网，100~150MW光伏电场既可接入110kV电网，也可接入220kV电网，150~300MW光伏电场接入220kV或330kV电网；成片规划的更大规模的光伏电场可接入500kV电网，但应根据光伏电场布置以及电网情况做升压站/开关站配置和/或中心汇流站设置规划。具体可根据当地电网要求做调整。

3.1.2.5 一般集中装机容量在300MW及以下配套建设一座升压站；集中装机容量在300MW以上根据光伏电场总体布置考虑配套建设2座或2座以上升压站，此时考虑其中1座升压站作为集中控制中心，另外1座及以上的升压站宜设计为"无人值班、无人值守"升压站。

3.1.2.6 应了解电网对光伏电场有无特殊要求。

3.1.2.7 根据拟接入系统变电站的间隔位置，分析光伏电场接网线路与原有线路的交越情况，确定合理可行的交越方案。

3.1.2.8 为满足电网对光伏电场无功功率的要求，应根据国家电网公司关于光伏电场接入电网技术规定的有关要求，在利用逆变器自身无功容量及其调节能力的基础上，测算需配置的无功补偿容量，以及光伏电场无功功率的调节范围和响应速度，并根据光伏电场接入系统专题设计复核确定。

3.1.2.9 对光资源条件优越，而电网薄弱的地区，应积极配合电网进行光伏电场集中输出的相关输电系统规划设计。

3.1.3 一次接入方案

3.1.3.1 根据规划的光伏电场规模以及当地电网的接入条件拟定合理的接入方案，

对于占地区域较广的光伏电场经技术经济比较可采用单一的终端升压站／开关站或中心汇流站加终端站的型式。

3.1.3.2 由于目前规划的单一光伏电场装机容量一般不大于300MW，本规范按50MW装机容量为一基准递增等级，即推荐的适用光伏电场装机容量归并为50、100、150、200、250、300MW等级考虑，非以上容量光伏电场可按上述相近容量套用，考虑到更大容量的光伏电场由于占地范围过大，可按上述归并容量光伏电场组合而成。

3.1.3.3 对于单一的终端升压站的方案，光伏电场内升压与送出均不考虑"N–1"原则；对于中心汇流站的升压与送出方案应经技术经济论证后与电网协商确定是否考虑"N–1"原则。

3.1.3.4 终端升压站方案的光伏电场送出电压等级及主变压器配置推荐见表3.1–1。

表3.1–1　不同装机容量推荐的升压站规模

光伏电场容量（MW）	回路数及送出电压等级	主变压器配置	备注
50	1×110（66）kV	1×50MVA	
100	1×110（66）kV	2×50MVA或1×100MVA	
150	1（2）×110（66）kV	1×50MVA+1×100MVA或2×75MVA	
	1×220（330）kV	1×50MVA+1×100MVA或2×75MVA或1×150MVA	
200	1×220（330）kV	2×100MVA或1×200MVA	
250	1×220（330）kV	1×100MVA+1×150MVA或2×125MVA或1×250MVA	
300	1×220（330）kV	3×100MVA或2×150MVA	

注　1. 对同容量光伏电场不同主变压器配置方案，一次建成的应采用变压器台数少、容量大的方案。分期建设的应结合本期容量、后期落实的容量及后期建设计划确定。

2. 对采用500kV送出的光伏电场主变压器配置可经技术经济比较后选择确定。

3. 个别受电网系统条件限制的光伏电场可根据当地电网的条件进行调整。

4. 括号内66kV适用于东北电网，330kV适用于西北电网。

3.1.4 系统继电保护

3.1.4.1 线路保护

（1）继电保护及安全自动装置应符合国家现行标准《继电保护和安全自动装置技术规程》（GB/T 14285）、《电力装置的继电保护和自动装置设计规范》（GB/T 50062）、《光伏发电站继电保护技术规范》（GB/T 32900）、《电力系统安全稳定导则》（GB 38755）、《电力系统安全稳定控制技术导则》（GB/T 26399）、《电力系统安全自动装置设计规范》（GB/T 50703）和行业现行标准《继电保护和安全自动装置通用技术条件》（DL/T 478）的规定，且应满足可靠性、灵敏性和速动性的要求。

（2）220kV 及以上线路应配置双套完整的、独立的能反映各种类型故障、具有选相功能线路纵联保护。每套纵联保护应包含完整的主、后备保护以及重合闸功能，重合闸可实现单相重合闸、三相重合闸、禁止和停用方式。220kV 及以上线路且采用 3/2 断路器接线时，线路还应配置双套远方跳闸保护和短引线保护、一套断路器保护。断路器保护应按断路器配置，应包含失灵保护、重合闸、充电过电流、非全相保护和死区保护等功能。根据系统工频过电压的要求，对可能产生过电压的线路应配置双套过电压保护。双重化配置的两套保护装置之间不应有电气联系，宜采用不同生产厂家的产品，并应安装在不同保护柜内；两套保护装置的直流电源应取自不同蓄电池供电的直流母线段，交流电流应分别取自电流互感器相互独立的绕组，交流电压宜分别取自电压互感器相互独立的绕组。

（3）110kV 及以下线路配置一套线路纵联保护，保护应具有完整的主、后备保护以及重合闸功能，重合闸可实现三重和停用方式。

（4）送出线路两侧的保护选型应一致，保护的软件版本应完全一致。具有光纤通道的线路，纵联保护宜采用光纤通道传输信息。

3.1.4.2 母线保护及断路器失灵保护

220kV 及以上母线均应配置双套母差保护和双套失灵保护。失灵保护功能宜含在母线保护中，应与母差保护共用出口。每套母线保护只作用于断路器的一组跳闸线圈。110kV 及以下母线应配置一套母差保护。双重化配置的两套保护装置之间不应有电气联系，宜采用不同生产厂家的产品，并应安装在不同保护柜内；两套保护装置的直流电源应取自不同蓄电池供电的直流母线段，交流电流应分别取自电流互感器相互独立的绕组，交流电压宜分别取自电压互感器相互独立的绕组。母线差动保护各支路电流互感器变比差不宜大于 4 倍。

3.1.4.3 母联（分段）断路器保护

母联（分段）断路器应按断路器配置专用的、具备瞬时和延时跳闸功能的过电流保护及充电保护。

3.1.4.4 故障录波

升压站应配置故障录波装置，启动判据应至少包括电压越限和电压突变量，记录升压站内设备在故障前10s至故障后60s的电气量数据，波形记录应满足相关技术标准。

录波间隔至少包括汇集线、汇集母线、无功补偿设备、接地变压器、升压变压器以及高压出线和母线，录波量为各间隔运行信息，至少包括三相电压、零序电压、三相电流、零序电流、保护动作、断路器位置等。

故障录波装置应具备单独组网功能，并具备完善的分析和通信管理功能，录波信息经调度数据网Ⅱ区将信息发送至调度端主站。

3.1.4.5 保护信息子站

升压站/开关站配置1套保护及故障信息管理子站，主机应采用双机配置的嵌入式装置，并配置一套独立的网络存储设备。子站应能实现运行和调度部门对保护设备、故障录波实时数据信息的收集与处理，进行电力系统事故分析、设备管理维护及系统信息管理。子站包括保护管理机、网络交换机、保护信息管理监视终端、接入单元、打印机、远传通信接口、连接设备等。保护信息由子站经调度数据网Ⅰ区将信息发送至调度端主站。

3.1.4.6 安全自动装置

根据当地电网要求，配置相应的安全自动装置（防孤岛保护装置、安全稳定控制装置、失步解列装置、快速频率响应装置、全景监控系统等）。

3.1.4.7 继电保护试验设备

为方便调试，升压站配置1面继电保护试验电源柜和1套继电保护试验仪器仪表。

3.1.5 系统调度自动化

3.1.5.1 远动系统

（1）调度管理关系及远动信息传输原则：光伏电场调度管理关系宜根据电力系统概况、调度管理范围划分原则和调度自动化系统现状确定。远动信息的传输原则宜根据调度管理关系确定。

（2）远动系统设备配置：光伏电场应配置相应的远动通信设备，远动通信设备宜采用光伏电场升压站/开关站计算机监控系统配置的远动工作站。远动工作站应优先采用无硬盘型专用装置，采用专用操作系统。远动工作站应冗余配置。

（3）远动信息的采集及内容：远动信息采取"直采直送"原则，直接从计算机监控系统间隔层 I/O 测控装置获取远动信息并向调度端传送。远动信息内容应满足《电力系统调度自动化设计规程》（DL/T 5003）、《地区电网调度自动化设计规程》（DL/T 5002）和相关调度端及远方监控中心对光伏电场的监控要求。

（4）远动信息传输：远动通信设备应能实现与相关调度中心及远方监控中心的数据通信，分别以主、备通道，并按照各级调度要求的通信规约进行通信。备通道均采用数据网方式接入地区级电力调度数据专网。网络通信采用《远动设备及系统　第5-104部分：传输规约采用标准传输协议集的 IEC 60870-5-101 网络访问》（DL/T 634.5104）规约。

3.1.5.2　电能计量系统

（1）电能计量点设置原则。贸易结算用关口电能计量点，原则上设置在购售电设施产权分界处。考核用关口电能计量点，根据需要设置在电网经营企业或者供电企业内部用于经济技术指标考核的各电压等级的变压器侧、输电和配电线路端以及无功补偿设备处。

（2）电能计量系统配置原则。内设置一套电能量计量系统子站设备，包括电能计量装置和电能计量信息传输接口设备等。贸易结算用关口电能计量装置应配置主、副电能表，考核用关口电能计量点可按单电能表配置。电能表应为电子式多功能电能表，并具备电压失压计时功能。

电能计量信息传输接口设备为电能量远方终端或传送装置，可采用以下方案：

方案一：全站配置一套电能量远方终端，以串口方式采集各电能表信息；具有对电能量计量信息采集、数据处理、分时存储、长时间保存、远方传输、同步对时等功能。电能量计量主站系统通过电力调度数据网、专线通道或电话拨号方式直接与电能量远方终端通信，采集各电能计量表信息。

方案二：全站配置一套电能量传送装置，电能量计量主站系统通过电力调度数据网或拨号方式直接采集各电能计量表信息。

（3）电能量信息采集内容。全站电能量信息采集应涵盖站内所有电能计量点，采集内容包括各电能计量点的实时、历史数据和各种事件记录等。

（4）电能量信息传输。电能量计量系统子站通过电力调度数据网、电话拨号方式或利用专线通道将电能量数据传送至各级电网调度中心，应采用《远动设备及系统　第5部分：传输规约　第102篇：电力系统电能累计量传输配套标准》（DL/T 719）或《多功能电能表通信协议》（DL/T 645）通信规约。

（5）电能计量装置接线方式。接入中性点非绝缘系统的电能计量装置应采用三相四线电能表，接入中性点绝缘系统的电能计量装置，宜采用三相三线电能表。

3.1.5.3　有功功率控制系统

光伏电场应配置有功功率控制系统；能自动接收调度主站下发的光伏电场发电出力计划曲线，控制光伏电场有功功率不超过发电出力计划曲线；能自动接收调度主站下发的有功功率控制指令，主要包括功率下调指令（在一定时间内）及功率增加变化率限值等，并能够控制光伏电场出力满足控制要求；能够根据所接收的调度主站系统下发的有功功率控制指令，对场内逆变器进行自动停机及开机调整。

3.1.5.4　无功电压控制系统

光伏电场应配置无功电压控制系统；能自动接收调度主站下发的光伏电场无功电压考核指标（光伏电场电压曲线、电压波动限值、功率因数等），通过控制光伏电场无功补偿装置控制光伏电场无功功率和电压满足考核指标要求；能自动接收调度主站下发的无功电压控制指令，通过控制光伏电场无功补偿装置控制光伏电场无功功率和电压满足控制要求；能对光伏电场的无功补偿装置和逆变器无功调节能力进行协调优化控制，在光伏电场低电压故障期间，逆变器控制策略转换为无功优先。

3.1.5.5　光伏电场功率预测系统

光伏电场应配置光功率预测系统，光伏电场功率预测系统具有0~240h中期光伏功率预测、0~72h短期光伏功率预测以及15min~4h超短期光伏功率预测功能，预测时间分辨率应不低于15min。光伏功率预测系统应支持在光伏发电站功率受限、光伏发电系统故障或检修等非正常停机情况下的功率预测。光伏发电站应按要求时间向电力系统调度机构每日上报两次中期、短期光伏功率预测结果，应每15min向电力系统调度机构上报一次超短期功率预测结果。光伏发电站向电力系统调度机构上报光功率预测结果的同时，应上报与预测结果相同时段的光伏发电站预计开机容量数据。光伏发电站应每15min自动向电力系统调度机构上报当前时刻的开机总容量，应每5min自动向电力调度机构上报光伏发电站实测气象数据。光伏发电站发电功率预测精度应满足《光伏发电站接入电力系统技术规定》(GB/T 19964)。

光伏发电场内配置一套环境监测仪，实时监测日照强度、风速、风向、温度等参数。该装置由风速传感器、风向传感器、日照辐射表、测温探头、控制盒及支架组成。可测量环境温度、风速、风向和辐射强度等参量，其通信接口可接入计算机监控系统。环境监测站应建在光伏发电站内，观测人员易于到达，气象信息采集系统的信息观测仪器感应元件平面以上应无任何障碍物。无法避开的障碍物，应与障碍物保持10倍高差以上的距离，减少周围环境对仪器设备的影响。

3.1.5.6 同步相量测量装置（PMU）

对于接入220kV及以上电压等级的光伏发电站应配置同步相量测量系统（PMU），对于接入110（66）kV电压等级的光伏发电站可根据实际需求配置同步相量测量装置。必要时应根据电力系统实际需求在风电汇集站加装宽频测量系统。最终以满足接入系统批复意见为准。

3.1.5.7 电能质量监测装置

通过10（6）kV电压等级并网光伏发电系统的公共连接点应装设满足《电能质量监测设备通用要求》(GB/T 19862)要求的A级电能质量在线监测装置，电能质量监测数据应至少保存一年。最终以满足接入系统批复意见为准。

3.1.5.8 新能源一次调频控制

根据《电力系统网源协调技术规范》(DL/T 1870)的要求，新能源场站应具备一次调频功能。为实现一次调频功能，光伏发电站内应配置1套新能源一次调频控制系统，主机应双重化配置。通过调度数据网接入省调一次调频主站。

新能源场站通过保留有功备用，并利用新能源一次调频控制系统实现一次调频功能。当系统频率偏离一次调频死区时，新能源一次调频控制系统自动根据额定功率、频差及一次调频调差率计算出一次调频响应调节量。新能源场站有功功率的控制目标应为调度端AGC有功指令与一次调频响应调节量的代数和。若一次调频与调度端AGC有功指令方向相反，当频差超过区域电网规定值时，应闭锁AGC有功功率指令。一次调频最大负荷限幅应不小于额定功率的10%，且不得因一次调频导致新能源机组脱网或者停机。新能源场站一次调频的性能应满足《电力系统网源协调技术规范》（DL/T 1870）的相应规定。

3.1.5.9 调度数据网接入设备

光伏电场宜一点就近接入相关电力调度数据网。为实现调度数据网络通信功能，应配置双套调度数据网接入设备，包括交换机、路由器等。

3.1.5.10 安全防护设备

二次安全防护设备根据《电力监控系统安全防护规定》（国家发展和改革委员会2014年第14号令）要求，按照"安全分区、网络专用、横向隔离、纵向认证"的原则配置。设备包括：调度数据网安全Ⅰ区配置主备2台纵向加密装置，调度数据网安全Ⅱ区配置主备2台纵向加密装置，调度数据网安全Ⅰ和Ⅱ区之间配置2台横向隔离防火墙，调度数据网与调度管理信息业务网配置正、反向电力专用物理隔离装置各1套，调度管理信息业务网配置1台纵向隔离防火墙。

根据《电力监控系统安全防护规定》（国家发展和改革委员会2014第14号令）和《发电厂监控系统安全防护方案》（国能安全〔2015〕36号），升压站／开关站配置1套综合安全防护系统，实现恶意代码防范、入侵检测、主机加固、计算机系统访问控制、安全审计、安全免疫、内网安全监视以及商用密码管理等功能。

3.1.6 系统及站内通信

3.1.6.1 系统通信

系统通信一般采用光纤通信，光纤通信电路的设计应结合各网省公司、地市公司通信网规划建设方案和工程业务实际需求进行。

光缆类型以OPGW为主，进入升压站／开关站的引入光缆，应选择非金属阻燃光缆。

光伏发电站与电力调度机构之间通信方式和信息传输应由双方协商一致后确定，并在接入系统方案设计中明确。

3.1.6.2 站内通信

光伏电场升压站／开关站宜配置一套数字程控调度交换机用于升压站／开关站内通信，中继接口可与当地公用通信网的中继线相连。

3.1.6.3 通信电源

通信电源一般由站内220V直流电源系统经两套互为备用的DC/DC电源变换装置供给。如当地电网有要求时，也可采用带专用蓄电池的通信电源系统。

3.2

电气一次设计

3.2.1 总体要求

3.2.1.1 光伏发电站升压站/开关站电气一次设计应符合《光伏发电工程电气设计规范》（NB/T 10128）、《导体和电器选择设计规程》（DL/T 5222）、《高压配电装置设计规范》（DL/T 5352）、《交流电气装置的过电压保护和绝缘配合设计规范》（GB/T 50064）、《交流电气装置的接地设计规范》（GB/T 50065）、《电力工程电缆设计标准》（GB 50217）的有关规定。

3.2.1.2 光伏发电站升压站/开关站电气一次设计应满足项目接入系统报告及批复和专题报告及批复的要求。

3.2.1.3 光伏电场升压站/开关站电气设计应根据确定的接入电力系统方案和工程实际情况，确定主变压器台数、电压等级以及高低压配电装置配置方案，统筹考虑光伏电场布置和升压站/开关站总平面布置，电气主接线方案、光伏电场集电线路方案、升压站/开关站站址等应经技术经济比较后确定。

3.2.2 电气主接线

3.2.2.1 根据确定的接入电力系统方案和工程实际情况，确定主变压器以及高低压配电装置选型及布置方案。统筹考虑光伏发电站光伏方阵布置、集电线路走向及送出线路方向等因素，确定站内总平面布置。电气主接线应统筹考虑接入系统及分期建设等要求，接线形式简单、供电可靠性、运行灵活性、操作检修方便、节省投资、便于过渡或扩建。

3.2.2.2 对于单台变压器的升压站高压侧若无远期规划，宜采用线路变压器组接线；对于多台变压器的升压站以及汇流站高压侧原则采用单母线接线或其他型式接线，最终应满足项目所在地电网要求。

3.2.2.3 主变压器采用双绕组型式时，若额定容量小于180MVA，低压35kV侧宜采用单母线接线；若额定容量大于等于180MVA，低压35kV侧宜采用扩大单接线。

3.2.2.4 无功补偿装置配置及容量应满足当地电网的要求，其低电压、高电压穿越能力应不低于逆变器的穿越能力。

3.2.2.5 系统中性点运行方式按照电网要求执行。对于 10kV 或 35kV 开关站的 10kV 或 35kV 系统中性点接地方式，可采用不接地、经消弧线圈接地或小电阻接地方式，具体由接入系统批复意见确定。消弧线圈容量、中性点接地电阻的大小和接地变压器容量的选择应根据计算的单相接地电容电流来确定。

3.2.2.6 主变压器低压侧系统采用扩大单元接线时且主变压器低压侧装设专用接地变压器时，两段母线应分别按照主变压器低压侧全容量集电线路长度容性电流配置接地变压器，在正常情况下，接地变压器不允许并列运行，只能有一台接地变压器投入运行。

3.2.3 短路电流及主要电气设备选择

3.2.3.1 短路电流水平。

（1）220kV：50/40kA；

（2）110kV：31.5kA；

（3）66kV：31.5kA；

（4）35kV：31.5kA；

（5）10kV：25kA。

上述各级电压的短路电流水平需根据光伏电场工程短路电流计算复核后确定，更高电压等级的短路电流水平应根据当地电网要求选择确定。

3.2.3.2 主变压器推荐采用油浸式、低损耗、双绕组自然油循环自冷式有载调压升压变压器。主变压器能耗水平应满足《电力变压器能效限定值及能效等级》（GB 20052）中的要求。180MVA 及以下主变压器选择自冷式变压器，180MVA 以上主变压器宜选择自冷式或强制风冷式；对于沙漠光伏发电项目，主变压器宜选用强制油循环风冷型主变压器。

3.2.3.3 站内 66kV 及以上配电装置采用户外 GIS（或 HGIS）设备。若升压站处于极寒地区（极端低温在 −30℃以下），66kV 及以上配电装置可根据项目实际情况调整为舱内 GIS 或建筑物内或户外 AIS 方式。高压配电装置选择主要遵从以下原则：

（1）站内 330、500kV 配电装置型式与设备选择应结合电网要求经技术经济比较后选择确定。

（2）站内220、110（66）kV配电装置设备可根据当地环境条件并结合电网要求采用AIS和GIS设备，优先选用GIS设备户外布置，沿海区域及其他受环境污秽条件或其他场地布置条件限制的可采用GIS设备户内布置。

（3）对于建设工期紧张的项目，可根据项目建设需要采用预制舱式布置。

（4）当选择GIS设备时，应采用简单接线方式。220（330）kV一般选用分相形式，110（66）kV可采用分相或共箱形式。

（5）对于AIS设备的选择，断路器一般采用瓷柱式SF_6断路器，当用于多年平均最低温度低于-30℃的高寒地区，易造成SF_6液化现象，应采用加热措施或采用SF_6罐式断路器；电流互感器宜采用油浸、倒置式；220kV隔离开关应根据母线不同型式选用垂直伸缩式、三柱水平旋转式或双柱水平伸缩式，110/66kV隔离开关可选用GW4型。对于重冰区，有融冰要求时，应结合当地电网要求，在线路侧配置融冰隔离开关。

（6）升压站66kV及以上避雷器宜采用瓷套式避雷器；线路的避雷器宜使用瓷套式避雷器。

（7）AIS设备中，66kV及以上电压互感器应选用电容式电压互感器。

3.2.3.4 高压配电装置送出线路间隔电流互感器参数宜与对侧变电站保持一致。全站电流互感器二次额定电流值应统一。

3.2.3.5 35kV及以下开关设备均采用户内成套开关柜。海拔2000m以上或布置空间受限时，宜采用SF_6气体绝缘开关柜，若布置空间未受限，海拔2000m以下时，宜采用手车式空气绝缘开关柜。TV柜内配置一次消谐及微机消谐装置。SVG及电容器滤波回路宜采用SF_6断路器，其他回路可采用真空断路器。

3.2.3.6 接地变压器、站用变压器选用干式且宜分开设置，布置在预制舱内或建筑物内。对污秽等级较低且场址无限制的地区以及海拔高于2000m以上时，也可采用油浸式，户外布置。

3.2.3.7 无功补偿装置选用水冷型动态无功补偿装置（SVG），预制舱布置。对于有特殊要求的地区，动态无功补偿装置可由SVG支路和FC支路组成，FC支路配置与否应结合经济性与场地条件及谐波情况综合考虑。当使用SVG滤波功能时，SVG容量应包括全场无功损耗和滤波所占用的容量。5Mvar及以下容量的SVG型式选用降压式，冷却方式宜采用空调或水冷冷却；10Mvar及以下容量的SVG型式可选用直挂式或降压式，冷却方式宜采用水冷；10Mvar以上容量的SVG型式宜选用直挂式，冷却方式宜采用水冷。

3.2.3.8 主变压器低压侧与35kV配电装置之间选用铜排（外部应加绝缘护套）或全绝缘管型母线连接，若采用全绝缘管母线，应采用真空浸渍式或挤包绝缘式产品。

3.2.4 站用电系统

3.2.4.1 站用电系统应有两路可靠的电源。主变压器低压母线配置一台站用变压器作为工作变压器，当站址附近有可靠10kV电源线路时，向系统申请一路10kV备用电源。当10kV电源线路较远或不可靠时，配置一台柴油发电机作为站内备用电源。备用电源宜永临结合。

3.2.4.2 对于220kV及以上升压站380/220V站用电系统为单母线分段或双单母线接线，两台站用变压器各带一段负荷或每段母线均采用双电源切换，两路电源分别引自不同的站用变压器。110kV及以下升压站／开关站380/220V站用电系统为单母线接线，两电源互为备用。站用电系统进线断路器可采用自动电源切换装置进行自动切换。站用电系统采用TN−S系统。当站用变压器与400V站用电屏安装在不同建筑物内时，站用变压器低压侧宜配置断路器或负荷开关，以防止单相接地短路故障扩大。站用变压器容量应按站内实际负荷经计算后确定。

3.2.4.3 对于有储能需求的项目，站用变压器容量需预留储能系统的用电需求。

3.2.4.4 站用电400V开关柜电源进线断路器均采用抽出式框架断路器，柜内需增加模块箱，用于火灾报警后的动力电源联切功能。工作电源和备用电源之间宜设置CB级自动切换装置（ATS），互为备用的工作电源之间宜采用手动切换。工作电源容量不宜小于全站计算负荷，备用电源容量宜与工作电源容量相同。当备用电源从站外引接容量受限或引自柴油机时，备用电源容量可适当减少，但不宜小于全站Ⅰ类负荷和重要Ⅱ类负荷之和，ATS动作时应联动切除剩余负荷。

3.2.4.5 带有区域级集（监）控中心功能的升压站／开关站，站用电至少应有2路分别来自不同母线或独立电源。

3.2.5 绝缘配合、过电压保护

3.2.5.1 电气设备的绝缘配合应符合《交流电气装置的过电压保护和绝缘配合设计规范》（GB/T 50064）中的有关规定。

3.2.5.2 氧化锌避雷器的选型应符合《交流无间隙金属氧化物避雷器》（GB/T 11032）及《交流电力系统金属氧化物避雷器使用导则》（DL/T 804）中的有关规定。

3.2.5.3 为防止线路雷电波过电压及操作过电压，在各出线侧、主变压器高低压侧及中性点侧和35kV母线均装设避雷器。

（1）110kV及以上避雷器标称放电电流按不小于10kA选择，35kV避雷器标称放电电流按5kA选择。

（2）变压器内外绝缘和其他电气设备的全波雷电冲击耐压与保护避雷器标称电流下残压间的配合系数不小于1.4。变压器和其他电气设备的截波冲击耐压与相应设备全波雷电冲击耐压比值不小于1.1。

（3）断路器同极断口间内绝缘及断路器、隔离开关同极断口间外绝缘的全波雷电冲击耐压应不小于断路器全波雷电冲击耐压。

（4）避雷器选择。氧化锌避雷器按《交流无间隙金属氧化物避雷器》（GB/T 11032）及国家电网公司输变电工程通用设备选型，作为各电压绝缘配合的基准。

主变压器中性点按分级绝缘设计，为防止主变压器中性点在非直接接地运行时受到大气过电压及不对称运行时引起的工频和暂态过电压损坏变压器绝缘，变压器中性点采用氧化锌避雷器与并联放电间隙配合保护。

35kV无功补偿装置由成套厂家配置相应氧化锌避雷器。

避雷器均需配置计数器。

当35kV系统的单相接地故障电容电流超过10A时，需装设专用接地变压器和电阻器接地。

为了消除谐振过电压，在35kV母线电压互感器的中性点装设消谐器，在开口绕组装设消谐装置。

（5）电气设备的绝缘水平。

1）110kV及以上系统以雷电过电压决定设备的绝缘水平，在此条件下一般都能耐受操作过电压的作用。雷电冲击的配合，以雷电冲击10kA残压为基准，配合系数取1.4。

2）35kV系统以雷电过电压决定设备的绝缘水平，在此条件下一般都能耐受操作过电压的作用。雷电冲击的配合，以雷电冲击5kA残压为基准，配合系数取1.4。

以上电气设备绝缘水平为在使用环境条件下做试验时的数据，当海拔超过 1000m 时，电气设备的外绝缘水平在海拔 1000m 以下做试验时应根据《交流电气装置的过电压保护和绝缘配合设计规范》（GB/T 50064）和《绝缘配合 第1部分：定义、原则和规则》（GB 311.1）及相关规范进行海拔修正。

（6）污秽等级、电气设备的外绝缘要求及绝缘子串的选择。绝缘子选择及套管选择应按照污秽等级对升压站 / 开关站户外电气设备电瓷外绝缘进行设计，所有电气设备的外绝缘均按照国家标准选择确定。

当海拔超过 1000m 时，绝缘子片数选择应根据《导体和电器选择设计规程》（DL/T 5222）进行海拔修正。

具体项目的污秽等级条件，根据项目所在地污区分布图确定。

（7）屋外配电装置最小安全净距。升压站 / 开关站站址海拔不高于 1000m，屋外配电装置最小安全净距应满足《高压配电装置设计规范》（DL/T 5352）。

当海拔超过 1000m 时，35~1000kV 配电装置的最小安全净距应根据《高压配电装置设计规范》（DL/T 5352—2018）附录 A 进行海拔修正。

3.2.5.4 预制舱舱体与带电导体的安全净距应满足《高压配电装置设计规范》（DL/T 5352—2018）5.1.2 表格中带电部分至接地部分之间距离 A_1 值要求；相关设备带电时，预制舱舱顶严禁上人。

3.2.6 防雷接地

3.2.6.1 推荐采用避雷针或避雷带作为直击雷防护装置，有条件时优先选用构架避雷针。避雷针高度及根数需根据升压站 / 开关站内设备的具体布置情况计算得出，避雷针保护范围应涵盖所有电气设备用预制舱体。

3.2.6.2 升压站作为大接地短路电流系统，对保护接地、工作接地和过电压保护接地使用一个总的接地装置，升压站（开关站）接地电阻宜按不大于 1Ω 进行设计，并要求接地电阻 $R \leqslant 2000 / I$（I 为计算用经接地网入地的最大接地故障不对称电流有效值），当接地电阻不满足要求时，需采取降低接地电阻的措施，如使用降阻剂、做深埋接地极等。接地网在设计时应进行接地线的热稳定截面计算，同时要验算接触电位差和跨步电压，当接触电位差和跨步电压不满足时应采取措施。跨步电压和接触电压应符合现行国家规范《交流电气装置的接地设计规范》（GB/T 50065）的有关规定。

3.2.6.3 升压站/开关站主接地网以水平接地体为主，垂直接地体为辅，形成复合地网。在避雷器、避雷针及主变压器工作接地等处设垂直接地极做集中接地，并与主接地网连接。局部可制作绝缘地面，绝缘地面采用卵石。接地材料选择应遵循如下原则：

（1）同一区域内接地主材宜采用同一材质的材料。

（2）接地主材的设计使用寿命应与地面工程的设计年限一致。

（3）接地主材应满足接地装置全寿命周期的技术要求，选择时应进行经济性比较。

（4）室内变电站接地主材应采用纯铜。

（5）当选用阴极保护时应进行充分论证。在役热浸镀锌接地网为延长使用寿命可选用阴极保护，新建接地工程特殊情况，如必须采用热浸镀锌钢且很难满足设计寿命要求等，可选用阴极保护延长热浸镀锌钢使用寿命。阴极保护宜选用牺牲阳极法。

3.2.6.4 具体工程选材时应依据土壤腐蚀性评价结论进行选材：

（1）接地装置金属采用可选用普通碳素钢、热浸镀锌钢、锌包钢、铜覆钢、铜、不锈钢等。

（2）土壤腐蚀性为微时，可采用普通碳素钢或热浸镀锌钢。

（3）土壤腐蚀性为弱时，可采用热浸镀锌钢、锌包钢或铜覆钢。镀锌层厚度根据《金属覆盖层 钢铁制件热浸镀锌层 技术要求及试验方法》（GB/T 13912）的规定进行选择；铜覆钢的铜层厚度不应低于0.25mm。

（4）土壤腐蚀性为中时，宜采用热浸镀锌钢，可采用热浸镀锌钢联合阴极保护、铜覆钢、锌包钢等方法。锌包钢的锌层厚度不应低于0.1mm，铜覆钢的铜层厚度不应低于0.6mm，包覆层厚度宜根据锌或铜在当地土壤环境中的腐蚀速率进行设计。

（5）土壤腐蚀性为强时，宜采用热浸镀锌联合阴极保护方法，也可采用高纯铁、锌包钢、铜、铜覆钢、不锈钢或不锈钢复合材料。不锈钢或不锈钢复合材料在氯离子含量高的滨海土和盐渍土地区不宜使用。铜覆钢的铜层厚度不应低于0.8mm，包覆层厚度宜根据铜在当地土壤环境中的腐蚀速率进行设计。

3.2.6.5 当接地介质环境pH≤4.5，选用铜或铜覆钢作为接地材料时，应根据土壤腐蚀数据加大设计截面或加大铜层厚度。

3.2.6.6 与混凝土钢筋连接的接地材料选用铜或铜覆钢时，应采取降低电位差的措施。

3.2.6.7 在滨海区、填海区、高含盐量等特殊重腐蚀地区，应在进行腐蚀风险评估后选用耐腐蚀接地材料。

3.2.6.8 在使用铜或铜覆钢接地装置时，应考虑可能对接地网附近钢构架、地下电缆、管道等造成的电偶腐蚀，应进行腐蚀风险评估。

一般情况下，接地导体（线）、接地极材料采用镀锌钢，镀锌钢的镀锌层必须采用热镀锌的方法，且镀层要有足够的厚度，以满足接地装置设计使用年限的要求。接地扁钢规格应根据具体工程实际短路入地电流和土壤腐蚀速率进行选择验算。永冻土地区接地装置的敷设应满足《交流电气装置的接地设计规范》（GB/T 50065）的相关要求。

如升压站／开关站土壤电阻率较高，应考虑采用添加降阻剂、外引接地网、置换接地材料或深井接地等其他降阻措施。对升压站／开关站仅敷设人工接地体难以满足跨步电势及接触电势时，应考虑在经常操作的设备周围采用水平网格的均压带或高电阻的绝缘操作地面。升压站／开关站周围与道路相邻处人员经常出入的地方设置与接地网相连的帽檐式均压带。

3.2.6.9 在继电保护室、敷设二次电缆的沟道、开关场的就地端子箱等处，使用截面面积不小于100mm²的裸铜排（缆）敷设与主接地网紧密连接的等电位接地网。

3.2.7 站内动力、照明

3.2.7.1 照明设计应符合现行行业标准《发电厂和变电站照明设计技术规定》（DL/T 5390）的有关规定。

3.2.7.2 按功能区域配置检修电源，电源引自站用配电屏。

3.2.7.3 照明电源系统根据运行需要和事故处理时照明的重要性确定。

3.2.7.4 站内户外照明采用低位投光灯作为操作检修照明；沿道路设置草坪灯作为巡视照明。

3.2.7.5 照明均应采用LED型灯具。

3.2.7.6 应急照明系统设计及选型应满足《消防应急照明和疏散指示系统技术标准》（GB 51309）的要求。

3.2.7.7 应急照明、疏散照明需采用耐火电缆。

3.2.8 电缆选型与敷设

3.2.8.1 集电线路进站段电缆选用单芯电缆时，电缆沟内不同回路电缆分层按品字型布置。

3.2.8.2 站内电缆管、沟的布置按升压站/开关站最终规模统筹规划。管、沟之间及其与建构筑物之间在平面与竖向上应相互协调，远近结合，合理布置，便于扩建。管、沟宜沿道路，建构筑物平行布置，布置路径短捷、适当集中、间距合理、减少交叉，交叉时宜垂直相交。

3.2.8.3 220kV及以上电压等级升压站宜具备两条及以上完全独立的光缆敷设沟道（竖井）。同一方向的多条光缆或同一传输系统不同方向的多条光缆应避免同路由敷设进入二次设备舱。

3.2.9 预制舱

3.2.9.1 预制舱舱体内采暖、通风、空调、给排水、消防、照明、接地等均由预制舱厂家配置，满足相关规范要求。

3.2.9.2 舱体长度、宽度需要满足运输条件，对于长度超出运输限制的，可拆分为多个独立的舱体。

3.2.9.3 预制舱内应预留视频、火灾报警等辅助设备走线槽及安装位置。

3.2.9.4 二次设备舱应设置门禁系统。

3.2.9.5 一般规定（使用原则）。预装式升压站/开关站应设计成能够安全而方便地进行正常操作、检查和维护。预装式升压站/开关站的外观设计应美观并尽量与周边环境相适应，具有良好的视觉效果。预装式升压站/开关站的主要元件包括变压器、高压开关设备和控制设备、低压开关设备和控制设备、相应的内部连接线（电缆、母线等）和辅助设备。

3.2.9.6 模块划分。预装式升压站/开关站主变压器户外布置，GIS为户外布置/舱体内布置，其余电气设备均舱体内布置。根据功能划分主要分为GIS模块（如有）、35kV开关柜模块、无功补偿装置模块、接地变压器接地电阻成套装置模块、站用变压器模块、二次整体模块。具体模块可结合现场实际进行划分。

3.2.9.7 建站模式。预制式升压站/开关站可采用落地平铺方式，也可选择立体建站模式，在用地紧张区域宜选用立体建站模式。

3.2.9.8 整体结构。

（1）预制舱舱体骨架为焊装一体式结构，应有足够的机械强度和刚度。在起吊、运输和安装时不会变形或损伤。舱体内开关柜不会因起吊运输造成的变形影响开关、隔离等设备的操作、运行。

（2）预制舱防护等级达到IP54，舱体接缝处防护等级不低于IP54，舱体内部采用钢板及阻燃绝缘隔板严格分成各个隔室，各个隔室之间的防护等级为IP2X。舱体外壳金属材料耐盐雾时间大于等于672h；舱体外壳金属材料交变湿热试验温度+55℃±2℃，时间大于等于144h；舱体耐火极限3h；抗震性能不低于8度。

（3）舱体的底架部件由型钢焊接而成。框架、门板及顶盖均采用优质冷轧钢板经喷砂、热喷锌防腐处理工艺或采用不锈钢材质。内部填充物采用建设部许可的聚氨酯防火保温材料，确保整个预制舱的保温和防火性能。

（4）预制舱舱体需要密封，以确保舱体的高低压设备、自动化设备、变压器等设备的可靠运行，并实现防尘、防潮、防凝露。

（5）预制舱外壳形状应不易积尘、积水，舱体顶盖应有明显散水坡度，防止雨水回流进入舱体。

（6）舱体具备良好的隔热性能，保证产品在一般周围空气温度下运行时所有电器设备的温度不高于其允许的最高温度，不低于其允许的最低温度。

（7）预制舱地面需配绝缘垫。

（8）各预制舱应预留火灾自动报警系统设备、视频监控摄像头的安装孔位，及线缆敷设通道。

3.2.9.9 预制舱防腐。预制舱体整体需进行防腐防锈处理，满足当地环境需求，以保证舱体30年不锈蚀。

3.2.9.10 预制舱暖通。

（1）预制舱体内设置自动温控系统，根据当地环境需求加装工业型加热装置，具备长时间加热功能，不得采用民用电暖气或暖风机，以保证舱体内运行环境的稳定性。

（2）预制舱体内设置同时具有自动启停空调系统和高湿排风装置，确保各个隔室内设备，尤其是自动化设备可靠运行。

（3）预制舱体内装设微正压空调系统，保证设备正常运行。

（4）预制舱体内设驱潮装置，保证内部元件不发生凝露。

（5）舱体内设置SF_6电气设备时，应设置SF_6监测以及自动排风系统，该系统主机应布置在舱体外部进出口处。

3.2.9.11 线缆通道。

（1）预制舱内的一、二次线缆的敷设需有专用的线缆通道，且相互独立、密闭，整体需满足A级耐火要求。

（2）一次电缆通道尺寸应满足电缆敷设以及合理弯曲半径要求设计，并在预制舱内合理布局。

（3）二次线缆通道应采用金属线槽，考虑抗干扰以及防电磁屏蔽措施。

3.2.9.12 预制舱紧急逃生措施。

（1）预制舱通道门板上需设置"推杠式"紧急逃生门锁，满足人员紧急逃生要求。

（2）门锁需满足防火要求，高可靠，长寿命。

（3）紧急逃生通道设置醒目的安全出口指示，相关通道指示设备均需考虑应急电源，以保证其可靠指示。

3.2.9.13 舱体照明。舱体应设置通道照明和事故照明，检修走廊内设置通道照明灯，照明灯采用防爆LED灯，并保证足够的照度，方便舱体内部的检修和试验，每台体检修走廊两端分别设置事故照明，并在全站停电的情况下能够自动启动，保证检修走廊内的事故照明。单元柜内设检修照明灯，并在操作面板上设置开关，以供检修时使用。

3.2.9.14 预制舱体运维与检修。

（1）舱体护栏与登舱梯对于立体建站模式，二层舱体需设置防护围栏，方便运维以及保证安全。

（2）柜体检修预制舱内通道应方便柜体检修，满足柜体单独移出要求，且可方便转移至舱外，具备整柜更换的功能。

（3）舱体防涡流措施当母线穿隔预制舱体时，应采取可靠的防涡流措施。

3.2.9.15 舱体接地。预制舱的舱体底架上应设专用接地导体，该接地导体上应设有与接地网相连接的固定接地端子，与预制舱内各设备接地和保护接地相连，并应有明显的接地标志。预制舱的金属骨架、高配电装置、低配电装置和变压器室的金属支架均应有符合技术条件的接地端子，并与专用接地导体可靠地连接在一起。预制舱每台舱体的底架外部应至少设有4个明显的接地点，以便现场进行舱体与基础接地网的连接。

3.3

电气二次设计

3.3.1 总体要求

3.3.1.1 光伏发电站升压站/开关站电气二次设计应符合《无人值守变电站监控系统技术规范》(GB/T 37546)、《光伏发电站监控系统技术要求》(GB/T 31366)、《电力工程直流电源系统设计技术规程》(DL/T 5044)、《变电站监控系统设计规程》(DL/T 5149)的有关规定。

3.3.1.2 光伏发电站升压站/开关站电气二次设计应满足项目接入系统报告及批复和其他相关专题报告及批复的要求。

3.3.1.3 光伏电场电气二次设计应力求安全可靠、技术先进、经济适用,设备配置和功能要求按光伏电场"无人值班、少人值守"、区域集控中心"集中值班监控、区域化检修"的原则设计。

3.3.2 计算机监控系统

3.3.2.1 系统设备配置

升压站/开关站监控系统主要由站控层设备、间隔层设备和网络设备等构成。站控层设备按升压站/开关站远期规模配置,间隔层设备按工程实际建设规模配置。站控层设备包括主机兼操作员工作站、工程师站、Web服务器、远动通信设备、公用接口装置、打印机等,其中主机兼操作员工作站、远动通信设备按双套冗余配置。网络设备包括网络交换机、光/电转换器、接口设备和网络连接线缆、光缆及网络安全设备等。间隔层设备包括I/O测控装置等。I/O测控装置的配置原则:开关电气设备按每个电气单元配置,母线单元按每段母线单独配置,公用单元单独配置。35kV及以下采用保护测控一体化配置方式。

3.3.2.2 系统网络结构

监控系统间隔层的测控装置与站控层设备之间的连接结构推荐采用间隔层的测控装置直接上站控层网络,测控装置直接与站控层通信的方案。在站控层网络失效的情况下，间隔层应能独立完成就地数据采集监测和断路器控制功能。网络拓扑宜采用双以太网星形结构，110kV及以下升压站/开关站也可采用单以太网星形结构。

按照《电力监控系统安全防护规定》（国家发展和改革委员会2014第14号令），计算机监控系统原则上划分为生产控制大区和管理信息大区，并根据业务系统的重要性和对一次系统的影响程度将生产控制大区划分为控制区（安全区Ⅰ）及非控制区（安全区Ⅱ），坚持"安全分区、网络专用、横向隔离、纵向认证"总体原则，重点强化边界防护，同时强化系统综合防护，提高厂站电力监控系统内部安全防护能力，保证电力生产控制系统及重要数据的安全。

3.3.2.3 系统功能

实现对升压站/开关站可靠、合理、完善的监视、测量、控制，并具备遥测、遥信、遥调、遥控等全部的远动功能和时钟同步功能，具有与远方调度中心和监控中心交换信息的能力。具体功能要求和技术指标按《变电站监控系统设计规程》（DL/T 5149）执行。

（1）信号采集。监控系统的信号采集类型分为模拟量、开关量。

1）模拟量包括电流、电压、有功功率、无功功率、频率、温度等，电气模拟量按照《电测量及电能计量装置设计技术规程》（DL/T 5137）进行交流采样。

2）开关量包括断路器、隔离开关以及接地开关位置信号，继电保护装置和安全自动装置动作及报警信号、运行监视信号、主变压器有载分接开关位置信号、全站其他二次设备事故及报警信号等。

（2）监控系统与继电保护的信息交换。监控系统与继电保护的信息交换可采用以下两种方式：

方式一：继电保护的跳闸信号以及重要的告警信号可采用硬触点方式接入I/O测控装置，宜采用非保持触点。

方式二：数字式继电保护装置可直接通过不同网口或串口与监控系统、保护信息管理子站连接，这样可按照监控系统和保护信息管理子站系统对保护信息量的不同要求，将保护信息分网上送至监控系统和子站系统。在监控系统后台还可实现继电保护装置软连接片投退、远方复归等功能。

（3）监控系统与其他智能设备的信息交换。对于直流系统、UPS系统、逆变电源、多功能电能表、火灾报警等智能设备，采用两种方式实现监控系统与智能设备的信息交换：

方式一：重要的设备状态量信号或报警信号采用硬触点方式接入I/O测控装置。

方式二：配置智能型公用接口装置，安装在二次设备室网络通信设备屏（柜）中，该公用接口装置通过RS-485串口方式实现与智能设备之间的信息交换，经过规约转换后通过以太网传送至监控系统主机。

（4）监控系统应具有与光伏场区监控系统进行信息交换的功能。

（5）监控系统应可实现自动电压无功控制（AVQC）功能。

（6）防误操作闭锁功能。要实现全站的防误操作闭锁功能，可采用以下三种方案：

方案一：通过监控系统的逻辑闭锁软件实现全站的防误操作闭锁功能，同时在受控设备的操作回路中串接本间隔的闭锁回路。

方案二：监控系统设置"五防"工作站。远方操作时通过"五防"工作站实现全站的防误操作闭锁功能，就地操作时则由电脑钥匙和锁具来实现，在受控设备的操作回路中串接本间隔的闭锁回路。

方案三：配置独立于监控系统的专用微机"五防"系统。远方操作时通过专用微机"五防"系统实现全站的防误操作闭锁功能，就地操作时则由电脑钥匙和锁具来实现，同时在受控设备的操作回路中串接本间隔的闭锁回路。专用微机"五防"系统与升压站／开关站监控系统应共享采集的各种实时数据，不应独立采集信息。

本间隔的闭锁可以由电气闭锁实现，也可采用能相互通信的间隔层测控装置实现。

（7）通信规约的要求。监控系统与数字式继电保护装置的通信规约推荐使用《远动设备及系统　第5部分：传输规约　第103篇：继电保护设备信息接口配套标准》（DL/T 667）规约或《变电站通信网络和系统》（DL/T 860）规约，与电能计量计费系统通信规约推荐使用《远动设备及系统　第5部分：传输规约　第102篇：电力系统电能累计量传输配套标准》（DL/T 719）规约。

监控系统与调度端网络通信采用《远动设备及系统　第5-104部分：传输规约采用标准传输协议集的IEC 60870-5-101网络访问》（DL/T 634.5104）规约。

3.3.2.4 系统工作电源

升压站／开关站间隔层测控设备采用直流供电。

3.3.2.5 系统技术指标

系统技术指标应满足《变电站监控系统设计规程》（DL/T 5149）的要求。

3.3.2.6 元件保护

根据《继电保护和安全自动装置技术规程》（GB/T 14285）和《光伏发电站继电保护技术规范》（GB/T 32900）的要求配置升压站/开关站继电保护。

（1）220kV 及以上主变压器保护配置。主保护包括按双重化配置的纵联差动保护和非电量保护。差动保护包括差动速断保护、比率差动保护。非电量保护包括本体轻重瓦斯保护、有载重瓦斯保护、压力释放保护、油温升高和过高保护、绕组温度升高和过高保护、油位异常保护等。

后备保护按双重化配置。高压侧后备保护包括带偏移特性的阻抗保护、复合电压闭锁过电流保护、中性点零序过电流保护、间隙零序电流保护和零序电压保护、过负荷保护、高压侧断路器失灵保护。低压侧后备保护包括限时速断过电流保护、复合电压闭锁过电流保护、零序电流保护、过负荷保护。330kV 及以上电压等级主变压器高压侧后备保护还应包括过励磁保护。

（2）110kV 主变压器保护配置。主保护包括纵联差动保护和非电量保护。差动保护包括差动速断保护、比率差动保护。非电量保护包括本体轻重瓦斯保护、有载重瓦斯保护、压力释放保护、油温升高和过高保护、绕组温度升高和过高保护、油位异常保护等。

高压侧后备保护包括复合电压闭锁过电流保护、零序电流保护、中性点间隙电流保护、零序电压保护、过负荷保护。低压侧后备保护包括限时速断过电流保护、复合电压闭锁过电流保护、零序电流保护、过负荷保护。

（3）35kV 线路保护配置。应配置微机型电流速断保护、过电流保护、零序电流保护、过负荷保护。如果电流保护不能满足灵敏度要求时，应根据实际选择配置相间距离保护或全线速动保护。

（4）接地变压器保护配置。应配置微机型电流速断保护、过电流保护、零序电流保护及非电量保护。

在中性点上还应配置两段式零序电流保护，作为接地变压器单相接地故障的主保护和系统各元件接地故障的总后备保护。

接地变压器接于低压侧母线时，电流速断保护和过电流保护动作于跳开接地变压器和主变压器同侧断路器；零序电流保护Ⅰ段动作于跳母联，Ⅱ段动作于跳开接地变压器和主变压器同侧断路器。

接地变压器直接接于主变压器低压侧出口时，电流速断保护和过电流保护动作于跳开主变压器低压侧断路器；零序电流保护Ⅰ段动作于跳母联，Ⅱ段动作于跳开主变压器低压侧断路器。

（5）站用变压器保护配置。应配置微机型电流速断保护、过电流保护、零序电流保护及非电量保护。

（6）35kV SVG保护配置。SVG的保护配置要求，直挂式SVG，应配置电抗器保护；降压式SVG，应配置变压器保护。对于配置升压变压器的SVG回路，当变压器容量大于10MVA时应配置差动保护及非电量保护。SVG成套装置内部应配置母线过电压保护、母线欠压保护、SVG本体过电流保护、直流过电压保护、电力电子元件损坏检测保护、丢脉冲保护、触发异常保护、过电压击穿保护、阀室超温保护和系统电源异常保护等，一般由SVG控制器实现。

（7）35kV分段保护配置。母线分段配置微机型电流速断保护、过电流保护作为充电保护和后备保护。

（8）35kV母线保护配置。每段母线配置1套微机型专用母线保护。母线保护应具有差动保护、分段充电过电流保护、分段死区保护和复合电压闭锁功能。

3.3.2.7 直流、UPS及逆变电源系统

（1）直流系统。

1）直流系统电压。升压站/开关站操作直流系统电压采用220V。

2）蓄电池型式、容量、组数。

a.110（66）kV及以下升压站/开关站宜装设1~2组蓄电池，蓄电池宜采用阀控式密封免维护铅酸蓄电池。蓄电池容量按2h事故放电时间考虑，推荐容量为200~300Ah，具体工程应根据升压站/开关站规模、直流系统电压、直流负荷和直流系统运行方式进行核算确定。

b.220（330）kV升压站应装设2组蓄电池，蓄电池宜采用阀控式密封免维护铅酸蓄电池。蓄电池容量按2h事故放电时间考虑，推荐容量为300~500Ah，具体工程应根据升压站规模、直流系统电压、直流负荷和直流系统运行方式进行核算确定。

3）充电装置型式及台数。110（66）kV及以下升压站/开关站宜装设1~2套高频开关充电装置，220kV升压站宜装设2套高频开关充电装置，330kV升压站宜装设3套高频开关充电装置。充电模块均按$N+1$配置。

4）直流系统接线方式。

a.装设1组蓄电池及1套高频开关充电装置的直流系统宜采用单母线接线。

b.装设2组蓄电池的直流系统应采用两段单母线接线，两段直流母线之间应设置联络电器。每组蓄电池及其充电装置应分别接入不同母线段。直流系统接线应满足正常运行时，两段母线切换不中断供电的要求，切换过程中允许2组蓄电池短时并列运行。

每组蓄电池均应设有专用的试验放电回路。试验放电设备宜经隔离和保护电器直接与蓄电池组出口回路并接。

5）直流系统供电方式。

a.升压站/开关站直流系统采用直流系统屏一级供电方式，不设置直流分电屏。

b.二次设备室的测控设备、保护设备、故障录波设备、自动装置等设备采用辐射式供电方式，35kV开关柜顶直流网络采用每段母线辐射供电方式。

6）其他设备配置。

a.每段直流母线应配置1套微机监控装置，根据直流系统运行状态综合分析各种数据和信息，对整个系统实施控制和管理，具有以太网或RS-485通信接口将信息上送至升压站/开关站监控系统。直流系统重要信息同时通过硬触点方式接入升压站/开关站监控系统。

b.每组蓄电池宜配置1套微机蓄电池巡检仪，检测蓄电池单体运行工况，对蓄电池充、放电进行动态管理。

c.在直流屏上装设微机直流绝缘监察装置，在线监视直流母线电压，过高或过低时应发出报警信号，还包括检测各直流馈线的接地情况。

d.直流电源系统除蓄电池组出口保护电器外，应采用直流专用断路器。蓄电池组出口回路宜采用熔断器，也可采用具有选择性保护的直流断路器。

e.对于不设单独的通信直流电源系统时，直流系统还应增设DC/DC电源变换装置，将220V直流电转换成-48V向通信设备供电。

（2）交流不间断电源（UPS）。升压站/开关站应配置一套电力专用交流不停电电源系统（UPS）。应采用双主机，带分段开关接线形式。UPS容量应根据所带负荷确定并考虑一定裕度，推荐容量为8~15kVA，最终容量须经过计算确定，且单机负载率不大于40%。

UPS主要负载包括：升压站/开关站综合自动化系统后台设备、光伏场区计算机监控系统后台设备、调度自动化设备、火灾报警系统、视频安防系统、通信设备等。UPS应为静态逆变装置。

UPS宜为单相输出，输出电压为220V、50Hz。旁路输入电源宜为单相。备用直流输入由站用直流电源系统供电。备用电源切换时间应小于4ms。

UPS输出的配电屏（柜）馈线应采用辐射状供电方式。

UPS应具有计算机通信接口（RS-232和RS-485），将系统运行状态、主要数据等信息实现远传。

（3）逆变电源。升压站/开关站配置一套电力专用逆变电源装置，采用单机配置方式，容量应根据所带照明负荷确定并考虑一定裕度，推荐容量为3~5kVA。主要负载包括：事故照明、保护屏内照明等。

逆变电源应为静态逆变装置。逆变电源装置宜为单相输入、单相输出。输出电压为220V、50Hz。旁路输入电源宜为单相。备用直流输入由站用直流电源系统供电。备用电源切换时间应小于4ms。逆变电源装置应具有计算机通信接口（RS-232和RS-485）。

3.3.2.8 其他辅助二次系统

（1）全站时钟同步系统。

1）全站应设置一套公用的时间同步系统，完成对升压站/开关站监控系统站控层设备、间隔层继电保护装置、测控装置、自动装置、故障录波及保信子站、功角测量装置、光伏场区监控系统及其他智能设备等所有对时设备的软、硬对时。

2）时间同步系统高精度时钟源应双重化配置（双钟双源，北斗优先），另根据需要配置扩展装置。扩展装置数量应根据二次设备的布置及工程规模确定。该系统宜具有与地基时钟源接口的能力。

3）时钟同步系统宜输出IRIG-B（DC）时码，1PPS、1PPM或时间报文，条件允许时也可采用IEC 61588对时方式。时钟同步系统还应具有网络口、RS-232/485等对时输出口。

4）时间同步的精度指标应优于1μs，时间同步的准确度应优于55μs/h。

（2）火灾自动报警系统。

1）光伏发电站升压站/开关站火灾报警设计应符合《火灾自动报警系统设计规范》（GB 50116）的有关规定。

2）消防火灾报警信号接入站内计算机监控系统。火灾报警器配备控制和显示主机，设有手动和自动选择器，联动控制可对其联动设备直接控制，并可以显示启动、停止、故障信号。

3）火灾自动报警控制器应具有通信串行口或网口与站内监控系统相连，以实现火灾报警部位信号和联动控制状态信号的实时监视。

4）火灾探测报警范围应包括各类舱体、建筑物、电缆夹层和主变压器等处。电缆竖井、电缆夹层、电缆桥架以及变压器（含主变压器和SVG降压变压器等处）等处敷设感温电缆。舱体内、建筑物等其他位置设置火灾探测器、消防电话、消防应急广播等。

5）火灾报警控制系统的报警主机、联动控制盘、火警广播、对讲通信等系统的信号传输线缆宜在线路进出建筑物处设置适配的信号线路浪涌保护器。

6）安装燃气的厨房内应设置可燃气体探测器。可燃气体探测器宜设置在可能产生可燃气体的部位附近，不宜设置在灶具正上方。可燃气体报警控制器应设置在中央控制室内。

7）火灾声光警报器应设置在每个楼层的楼梯口、建筑内部拐角等处的明显部位，且不宜与安全出口标志灯具设置在同一面墙上。

8）中央控制室内设置消防专用电话总机，消防水泵房、配电变压器电舱、二次舱、灭火控制系统操作装置处、值班室及其他与消防联动控制有关的且经常有人值班的机房处设置消防专用电话分机。消防专用电话分机应固定安装在明显且便于使用的部位，并应有区别于普通电话的标识。

9）站内应设置消防应急广播。

10）消防联动控制器应具有切断火灾区域及相关区域的非消防电源的功能，当需要切断正常照明时，宜在自动喷淋系统、消火栓系统动作前切断。

11）火灾报警系统信号线、电源线、电话线、音频线及消防联动线均应采用耐火电缆。

12）对于采用SF_6高压电力设备的房间，应配置SF_6浓度监测装置，报警的同时应启动风机。

13）火灾报警控制系统的电源应由站内不间断电源供电。

（3）视频监控及安全警卫系统。

1）光伏发电站升压站/开关站视频监控设计应符合《变电站辅助设施监控系统技术规范》（GB/T 40773）的有关规定。

2）升压站/开关站内宜设置一套视频监控及安全警卫系统。其功能按满足安全防范要求配置，不考虑对设备运行状态进行监视。监视范围包括对全站主要电气设备、建筑物及周边环境进行全天候的图像监视，满足生产运行对安全、巡视的要求。

3）设备包括：视频监视主机、工业以太网交换机、录像设备、视频服务器、摄像机、编码器及沿升压站／开关站围墙四周设置远红外线探测器或电子栅栏等。其中视频监视主机、以太网交换机等后台设备按全站最终规模配置，并留有远方监视的接口。就地摄像头等前端设备按本期建设规模配置。系统应具有与火灾和防盗报警的联动功能，图像分辨率应达到CIF格式以上，传输、存储格式采用MPEG-4，兼容H.264或更高版本的成熟视频编解码标准，图像及报警等相关信息应能远传至调度中心或上级单位。视频监控系统屏由UPS电源供电，系统预留远方监视接口。

4）视频监控系统的图像监控对象为站区范围、主变压器外观及中性点接地开关、站内的全部户外断路器、隔离开关和接地开关、站内各主要设备舱体或电气设备间内等，实时监视站内的运行环境。

5）置于户外摄像机的输出视频接口应设置视频信号线路浪涌保护器。摄像机控制信号线接口处（如RS-485、RS-422等）应设置信号线路浪涌保护器。解码箱处供电线路应设置电源线路浪涌保护器。

6）系统的户外供电线路、视频信号线路、控制信号线路的接地及敷设应满足《建筑物电子信息系统防雷技术规范》（GB 50343）的要求。

（4）电视、电话及网络。

1）光伏发电站升压站／开关站综合布线设计应符合《综合布线系统工程设计规范》（GB 50311）的有关规定。

2）综合布线系统，为站内提供无线网络、电话以及有线网络通道。电话插座、计算机网络插座及无线AP位置及数量根据具体建筑物和运营单位的使用需求确定。

3）进、出建筑物的传输线路上，应设置适配的信号线路浪涌保护器。被保护设备的端口处宜设置适配的信号浪涌保护器。网络交换机、集线器、光电端机的配电箱内，应加装电源浪涌保护器。

4）有线电话通信用户交换机设备金属芯信号线路，应根据总配线架所连接的中继线及用户线的接口形式选择适配的信号线路浪涌保护器。

5）电视、电话及网络系统的设计需由建设方确认，且各系统的设备配置、布线及调试由专业公司负责。

3.3.2.9 一次设备状态监测

（1）选用原则。

1）变电设备在线监测装置的选用应综合考虑设备的运行状况、重要程度、资产价值等因素，并通过经济技术比较，选用成熟可靠、具有良好运行业绩的产品。

2）对于设备状态信息的采样，不应改变一次设备的完整性和安全性。

3）变电设备在线监测装置的型式试验报告和相关技术文件应齐全、完整、准确、有效，并有一年以上的挂网运行证明。

4）变电设备在线监测系统配置，应以升压站/开关站为对象，综合考虑各种变电设备需求，制定具备统一信息平台的配置方案。

5）变电设备在线监测系统功能、结构、数据通信等技术要求需满足本规范及其他相关标准的要求。

6）随主设备配套的在线监测系统功能、结构、数据通信等技术要求，也须满足本规范及其他相关标准的要求。

（2）配置原则。基于在线监测技术的发展水平、在线监测系统应用效果以及变电设备重要程度，在线监测系统配置则如下：

1）变压器、电抗器。500kV（330kV）电抗器、330kV及220kV油浸式变压器宜配置油中溶解气体在线监测装置。

对于110kV（66kV）电压等级油浸式变压器（电抗器）存在以下情况之一的宜配置油中溶解气体在线监测装置：存在潜伏性绝缘缺陷；存在严重家族性绝缘缺陷；运行时间超过15年；运行位置特别重要。

220kV及以上电压等级变压器可根据需要配置铁芯、夹件接地电流在线监测装置。

500kV（330kV）及以上电压等级油浸式变压器可根据需要配置油中含水量在线监测装置。

220kV及以上电压等级变压器宜预留供日常检测使用的超高频传感器及测试接口，以满足运行中开展局部放电带电检测需要；对局部放电带电检测异常的，可根据需要配置局部放电在线监测装置进行连续或周期性跟踪监视。

220kV及以上电压等级变压器可预埋光纤测温传感器及测试接口。

2）断路器及GIS（含HGIS）。500kV及以上电压等级SF_6断路器或220kV及以上电压等级GIS可根据需要配置SF₆气体压力和湿度在线监测装置。

220kV及以上电压等级GIS应预留供日常检测使用的超高频传感器及测试接口，以满足运行中开展局部放电带电检测需要；对局部放电带电检测异常的，可根据需要配置局部放电在线监测装置进行连续或周期性跟踪监视。

220kV及以上电压等级SF₆断路器及GIS一般不考虑配置断路器分合闸线圈电流在线监测装置。

3）电容型设备。220kV及以上电压等级变压器（电抗器）套管可配置在线监测装置，实现对全电流、$\tan\delta$电容量、三相不平衡电流或不平衡电压等状态参量的在线监测。

对于110kV（66kV）电压等级电容型设备存在以下情况之一的宜配置在线监测装置：存在潜伏性绝缘缺陷；存在严重家族性绝缘缺陷；运行位置特别重要。

倒立式油浸电流互感器、SF₆电流互感器因其结构原因不宜配置在线监测装置。

4）金属氧化物避雷器。220kV及以上电压等级金属氧化物避雷器宜配置阻性电流在线监测装置。

5）其他在线监测装置应在技术成熟完善后，经由具有资质的检测单位检测合格方可试点应用。

3.3.2.10 二次接线

（1）电压互感器N600宜在二次设备舱中的电压转接屏内一点接地。

（2）电流互感器的二次回路必须有且只有一点接地。独立的、与其他互感器二次回路没有电气联系的电流互感器二次回路应在开关场一点接地，接地线不小于4mm²。每组主变压器保护动作应联跳低压母线上的有源设备，包括集电线路、SVG间隔和储能间隔。接地变压器保护动作应联跳低压母线上除站用变压器之外的所有间隔。上述跳闸出口应采用保护装置出口触点，出口触点数量应按远期考虑，并在招标阶段明确。

（3）双电源装置的两组电源宜引自不同段直流母线或UPS母线。

（4）相量测量装置宜采集外送线路、主变压器高低压侧、集电线路、SVG间隔及储能间隔。

（5）电能质量在线监测装置宜采集外送线路、主变压器高低压侧及SVG间隔。

（6）控制电缆截面推荐：电流电压宜采用4mm²线缆，操作回路、出口回路宜采用2.5mm²线缆，信号回路宜采用1.5mm²线缆。

（7）当电力电缆与控制电缆或通信电缆敷设在同一电缆沟时，宜采用防火隔板进行分离。穿管敷设时，电力电缆与控制电缆或通信电缆应敷设于不同管中。控制电缆接线时屏蔽层两端应可靠接地。采用预制舱布置时，在二次设备舱内屏蔽层宜在保护屏上接于屏柜内的接地铜排；在开关场屏蔽层应在与高压设备端子箱接地。互感器每相二次回路经屏蔽电缆从高压箱体引至端子箱，电缆的屏蔽层在高压箱体和端子箱两点接地，舱外电缆沟内的屏蔽双绞线、网线、导引光缆等应穿管敷设。

3.3.2.11 二次设备布置

（1）升压站/开关站电气二次设备室应位于运行管理方便、电缆总长度较短的位置、设施应简化、布置应紧凑，面积应满足设备布置和定期巡视维护要求，屏位按升压站规划容量一次建成，并留有增加屏位的余地。

（2）所有二次系统保护测控屏（柜）的外形尺寸宜采用2260mm×800mm×600mm（高×宽×深），通信系统设备屏（柜）的外形尺寸可采用2260mm×600mm×600mm（高×宽×深），服务器屏柜可采用2260mm×750mm×1070mm（高×宽×深）。屏（柜）体结构为屏（柜）前单开门、屏（柜）后双开门、垂直直立、柜门内嵌式的柜式结构，前门宜为玻璃门，正视屏（柜）体转轴在左边，门把手在右边。

（3）升压站/开关站二次设备的布置一般采用集中布置方式。站内不设通信机房，集中设置控制室和二次设备室。站内监控系统站控层设备安装在控制室；35kV保护测控一体化装置就地分散布置于35kV配电装置室开关柜内。站内其他二次屏柜均布置于二次设备室。

（4）300Ah及以上蓄电池组应安装在各自独立的专用蓄电池舱内或在蓄电池组间设置防爆隔火墙；蓄电池安装宜采用钢架组合结构，可多层叠放，每层蓄电池最多摆放两排。专用蓄电池舱内不应安装开关和插座，应配置防爆型灯具、火警探测器及摄像头等防爆型辅助设施。直流电缆应采用A级阻燃耐火控制电缆。工程所在地地震设防烈度大于Ⅶ度时，应设置专用蓄电池室。

（5）二次设备室的备用屏位不少于总屏位的10%~15%。升压站/开关站内所有二次设备屏体结构、外形及颜色应一致。

（6）二次设备室及继电器小室应尽可能避开强电磁场、强振动源和强噪声源的干扰，还应考虑防尘、防潮、防噪声，并符合防火标准。

土建工程

3.4.1 升压站/开关站选址

3.4.1.1 应根据项目中远期规划、地形地貌、光伏方阵布置、集电线路设计、场内道路布置，结合接入系统设计的要求全面综合考虑。

3.4.1.2 升压站/开关站应考虑场址防洪因素，充分利用现有的防洪设施，升压站/开关站的防洪设计标准应符合表3.4-1的规定。

表 3.4-1 升压站/开关站防洪设计标准

电压等级（kV）	防洪重现期（年）
≥220	100
≤110	50

3.4.1.3 有防洪设计要求的升压站/开关站，应依据防洪设计报告的要求，对升压站/开关站站内及周边进行防洪设计。

3.4.2 总图设计

3.4.2.1 站区总布置占地要求

（1）升压站或开关站及运行管理中心用地为永久用地，包括变电站用地和生活服务设施用地。用地面积需按照当地规定确定是否包含边坡用地，如不包含需按围墙外1m的外轮廓尺寸计算。

（2）升压站或开关站用地包括生产建筑用地和辅助生产建筑用地。生产建筑用地包括升压设备、变配电设备、变电站控制室（升压设备控制、变配电设备控制、其他设备控制）用地；辅助生产建筑用地包括光伏发电站中央控制室、计算机室、站用配电室、电工实验室、通信室、库房、办公室、会议室、停车场等设施用地。

（3）生活服务设施用地包括职工宿舍、食堂、活动中心等设施用地。

（4）升压站或开关站及运行管理中心用地指标可参照表3.4-2、表3.4-3执行，但不应超过《光伏发电站工程项目用地控制指标》（TD/T 1075）的规定。

表3.4-2　开关站建设用地及建设面积（不应超过）

编号	电站容量（MW）	值班形式	用地面积（m²）	总建筑面积（m²）
1	20	少人	2800	650
2	50	少人	4000	850

表3.4-3　升压站建设用地及建设面积（不应超过）

编号	升压站容量（MVA）	电压等级（kV）	地区	值班形式	用地面积（m²）	总建筑面积（m²）
1	1×100	110	北方	少人	6000	1250
2	1×100	110	南方	少人	5500	1230
3	1×200	220	北方	少人	6500	1600
4	1×200	220	南方	少人	6000	1550
5	2×250	220	北方	少人	12000	2050
6	2×200	220	南方	少人	10000	1950
7	4×200	330及以上	—	少人	29000	5400

注　其他容量参考执行。

（5）升压站或开关站及运行管理中心位于Ⅲ类地形区的，用地面积可根据站址的地形、地质条件，按工程设计用地面积计算。

注：Ⅰ类地形区是指地形无明显起伏，地面自然坡度小于等于3°的平原地区。

Ⅱ类地形区是指地形起伏不大，地面自然坡度大于3°但小于等于20°，相对高差在200m以内的微丘地区。

Ⅲ类地形区是指地形起伏较大，地面自然坡度大于20°，相对高差在200m以上的重丘或山岭地区。

（6）升压站或开关站及运行管理中心为填方场地，用地面积按工程设计用地面积计算。

（7）升压站或开关站及运行管理中心外围设置防洪及排水设施时，用地面积应按相应构筑物外边线的轮廓尺寸计算。

3.4.2.2 升压站/开关站总平面布置要求

（1）升压站/开关站总平面布置应按照最终规模统一规划、分期实施的原则进行设计。升压站/开关站的用地一般可考虑按最终规模一次性征用，当预计的建设周期较长时，对一次性征地和分期征地进行比选后确定。扩建工程升压站/开关站应充分利用现有设施。同一区域多个场站，根据区域新能源发展的整体规划，结合生产管控模式的总体要求，统筹设计场站生活办公建筑面积。

（2）站区总平面宜将近期建设的建（构）筑物集中布置，预留好后期空间，以利分期建设和节约用地。建筑物应根据工艺要求，充分利用自然地形（升压站/开关站的主要建筑物的长轴宜平行自然等高线布置，当地形高差较大时，可采用台阶式错层布置），布置上要紧凑合理，并宜使综合楼有较好的朝向，同时方便观察到各个配电装置区域。

（3）建（构）筑物的间距应满足防火要求。按《建筑设计防火规范》（GB 50016）、《火力发电厂与变电站设计防火标准》（GB 50229）、《光伏发电站设计规范》（GB 50797）等相关规范执行。

（4）生产区布置形式。35kV配电装置和继电保护设备可优先考虑预制舱方案；无功补偿装置应优先考虑采用集装箱方案。

（5）储能装置布置。

1）当升压站/开关站内设置储能装置时，储能蓄电池设施与升压站/开关站之间的距离应满足《电化学储能电站设计规范》（GB 51048）和《预制舱式磷酸铁锂电池储能电站消防技术规范》（T/CEC 373）中的相关要求。

2）储能电站设备可优先考虑预制舱方案，各个设备之间应满足防火距离要求。

3）储能电站四周宜设置环形消防通道，并与外部道路连接，道路路面宽度不小于4m，转弯半径不小于9m。

4）储能电站与升压站/开关站之间应设置分隔围墙，储能电站四周应设置安全防护围墙。

（6）站区围墙。

1）升压站/开关站围墙型式应根据站址位置、城市规划和环境要求等因素综合确定。

2）升压站/开关站宜采用不低于2.5m高的实体围墙，在填方区可适当降低围墙高度，对站区环境有要求的升压站/开关站可采用花格围墙或其他装饰性围墙。

3）站区围墙应根据节约用地和便于安全保卫的原则力求规整，地形复杂或山区变电站的站区围墙应结合地形布置。

4）站区实体围墙应设伸缩缝，伸缩缝间距不宜大于30m。在围墙高度及地质条件变化处应设沉降缝。

5）根据电气设备的布置和要求，需要时在设备四周设置围栏。

6）升压站/开关站的主入口宜面向当地主要道路，便于引接进站道路。城市变电站的主入口方位及处理要求应与城市规划和街景相协调。

7）升压站/开关站主入口的大门、大门两侧围墙及标识墙、警传室（如有的话）可进行适当艺术处理，并与站前区建筑相协调。

8）站区大门宜采用轻型电动门，门宽应满足站内大型设备的运输要求，大门高度不宜低于1.5m。

3.4.2.3 站区竖向布置要求

（1）升压站/开关站竖向布置应合理利用地形，根据工艺要求、交通运输、土方平衡等因素综合考虑。当升压站/开关站占地面积较大时，自然地形坡度在5%以上时，竖向布置宜采用分区块、阶梯式布置；当升压站/开关站占地面积较小时，自然地形坡度在8%以上时，竖向布置宜采用分区块、阶梯式布置。

（2）场地设计坡度应根据设备布置、土质条件、排水方式确定。道路纵向坡度确定宜采用0.5%~2%，有可靠排水措施时，可小于0.5%，局部最大坡度不宜大于6%，必要时采取防冲刷措施。屋外配电装置为硬母线时，垂直于母线方向放坡更合理，屋外配电装置平行于母线方向时，场地设计坡度不宜大于1%。

3.4.2.4 管沟布置应符合的规定

（1）站区内电缆沟、上下水管、油管布置时按沿道路、建（构）筑物平行布置的原则，从整体出发，统筹规划，在平面与竖向上相互协调，远近结合，间距合理，减少交叉。同时应考虑便于检修和扩建。

（2）站区电缆沟沟壁应采用砖或混凝土沟壁。应根据地区气候条件、地质条件及电缆沟的宽度灵活选择。盖板可采用平铺式或嵌入式包角钢钢筋混凝土盖板。电缆沟顶宜高出室外绿化地面100mm。考虑到电缆沟积水过多无法排出时，应在电缆沟最低点设计一集水坑。

3.4.2.5 站内道路及场地处理应符合的规定

（1）站内道路应综合考虑施工、运行、检修及消防要求。

（2）站区道路宜采用C30水泥混凝土路面，下铺水泥稳定层及碎石层，确保道路稳定。110kV及以下升压站/开关站站内道路宽度4.0m，220kV升压站站内道路宽度4.5m，330kV及以上升压站站内道路宽度5.5m。道路转弯半径不应小于9m。

（3）户外配电装置场地根据需要，布置巡视小道，巡视小道宽1.5m，部分场地可利用电缆沟作巡视小道。凡需进行巡视、操作和检修的设备，在设备支架柱中心外1.0m范围内铺设150mm厚碎石垫层，150mm厚C20混凝土操作地坪。

3.4.3 建筑设计

3.4.3.1 设计原则

（1）光伏发电站人员配置按照2人/万kW标准配置休息，休息室的按照25㎡/2人设置；办公面积按管理人员9m²/人设置，其他人员不设置固定办公室；会议室使用面积宜为30m²，如考虑使用人数较多可以适当增大面积，按每人使用面积2.5m²考虑，餐厅（包括后厨和储藏）的面积按照3.7m²/人。

（2）餐厅厨房的就餐人数按照《饮食建筑设计标准》（JGJ 64）中小型食堂设计，厨房区域和食品库房面积之和与用餐区域面积之比为大于等于1：2.0。

（3）升压站/开关站站内需要设置危废品库房（含油品库房）应单独设置，危废品库房设置应满足建（构）筑物间距的防火要求。按《建筑设计防火规范》（GB 50016）、《火力发电厂与变电站设计防火标准》（GB 50229）等相关规范执行。

3.4.3.2 综合楼

升压站/开关站设置综合楼可以选用两层或局部二层框架结构建筑。综合楼应具备以下功能区：继电保护室、资料室、办公室、生活备品间、中央控制室、会议室、值班室、餐厅、厨房以及公共卫生间等。

3.4.3.3 辅助用房

辅助用房为地上一层、局部地下一层的框架结构建筑，主要功能区：水泵房、车库、备品备件库，建筑面积、建筑高度及外立面造型与周边建筑物统一。

3.4.3.4 危废品用房

危废品用房为单层砖混结构建筑，功能为储藏危废物品。平面尺寸应满足当地环评要求。

3.4.3.5 建筑材料

建筑材料（如：外墙、内墙、门窗、吊顶等）依据当地气候条件，应优先选用当地易购买的建材；建筑外围护材料应满足当地建筑节能指标。屋面防水层均采用卷材防水。室内、外防火门根据消防要求选用。外门窗采用断桥铝门窗（严寒地区可采用三玻或双层窗）。

室内装修建议标准参见表3.4-4。

表 3.4-4 室内装修建议标准

房间名称	楼（地）面	墙面	顶棚
门厅、走道	玻化砖（600mm×600mm，米黄色）	乳胶漆（白色）	石膏板吊顶
蓄电池室	耐酸地砖（600mm×600mm，米黄色）	耐酸涂料（米黄色）	耐酸涂料（白色）
生活备品间	地砖（600mm×600mm，米黄色）	乳胶漆（白色）	乳胶漆（白色）
餐厅	玻化砖（600mm×600mm，米黄色）	乳胶漆（白色）	乳胶漆（白色）；采用轻钢龙骨石膏板吊顶
中央控制室	防静电地板	乳胶漆（白色）	采用轻钢龙骨石膏板吊顶
继电保护室	玻化砖（防静电、600mm×600mm，米黄色）	乳胶漆（白色）	采用轻钢龙骨石膏板吊顶
办公室、会议室、资料室、档案室、休息室、活动室	玻化砖（600mm×600mm，米黄色）	乳胶漆（白色）	乳胶漆（白色）；一层或上方为同层排水式卫生间时采用轻钢龙骨石膏板吊顶

房间名称	楼（地）面	墙面	顶棚
卫生间、厨房、洗衣间	防滑地砖（300mm×450mm，白色）	瓷砖（300mm×300mm，米黄色）	铝合金集成吊顶
35kV 配电装置室、SVG装置室	地砖地面	乳胶漆（白色）	乳胶漆（白色）
备品间、水泵房及设备间、车库、备用库房	细石混凝土	防水涂料（白色）	防水涂料（白色）
水池	防水砂浆	防水砂浆	水泥砂浆

注 1. 公用卫生间换气、照明设备采用分离式，宿舍卫生间换气、照明、取暖采用一体机。

2. 南方升压站/开关站地面应考虑防潮措施。

3. 为方便综合楼继电保护室电缆铺设，继电保护室建议采用防静电架空地板，当继电保护室采用室内电缆沟形式时，宜采用混凝土沟壁。电缆沟的宽度根据实际需要确定，盖板应与室内地面平齐。

4. 危废间地面建议设置隔油措施。

3.4.3.6 单体外观设计

（1）办公生活区的建筑建议采用平顶，以适应全国大部分地区的气候及施工条件。

（2）入口大门、围墙的设计体现集团标志元素。

3.4.4 升压站 / 开关站结构设计

3.4.4.1 应根据《建筑抗震设计规范》（GB 50011）及《中国地震动参数区划图》（GB 18306）并结合所在乡镇确定站内建（构）筑物的结构安全等级和抗震设防分类，结合地勘报告提供的本场地地震烈度，明确升压站/开关站内建（构）筑物结构抗震构造措施等。

3.4.4.2 主要建筑物宜采用钢筋混凝土框架结构，结合地勘报告确定地基方案、基础形式和地基处理方案。

3.4.4.3 浅表地层承载力较低，土质松散，厚度较大，难以挖除，但下卧层条件较好的地基宜选用复合地基，复合地基可采用水泥土搅拌法、水泥粉煤灰碎石桩法（CFG桩）、高压喷射注浆法。以淤泥质土为主的地基，宜采用预应力高强混凝土管桩（PHC）或钻孔灌注桩基础。湿陷性黄土宜采用灰土挤密桩复合地基、灰土换填垫层法或强夯进行地基处理。液化土地基宜采用碎石桩或桩基础。当基础范围内存在岩溶、溶洞时，可采用素混凝土、毛石混凝土、级配碎石等填筑的方式进行处理。

3.4.4.4 建筑物天然地基宜采用柱下独立基础；复合地基宜采用条形基础。

3.4.4.5 变压器基础采用钢筋混凝土筏板基础，事故油池采用现浇钢筋混凝土箱形结构。变压器集油坑内宜采用成品钢格栅。

3.4.4.6 构架、支架结构形式可选用钢筋混凝土等径环型杆或钢管杆结构，架构爬梯应增加护笼。

3.4.4.7 避雷针宜采用钢管结构或格构式钢塔架结构。

3.4.4.8 构筑物及设备基础宜采用现浇混凝土结构。

3.4.4.9 材料要求：钢筋混凝土宜采用C30混凝土及以上，素混凝土宜采用C20混凝土及以上。钢筋宜采用HRB400及HPB300钢筋，抗震设防烈度7度及以上时，钢筋宜按照相关规范要求选用。混凝土小型空心砌块强度等级不低于MU3.5，用于外墙和潮湿环境内墙时，不应低于MU5.0。烧结空心砖的强度等级不应低于M3.5，用于外墙和潮湿环境内墙时，不应低于MU5.0。烧结多孔砖的强度等级不宜低于MU7.5。蒸压加气混凝土砌块的强度等级不应低于A2.5（MU2.5），用于外墙和潮湿环境内墙时，不应低于A3.5（MU3.5）。填充墙砌筑砂浆的强度等级：普通砖砌体砌筑砂浆强度等级不应低于M5；蒸压加气混凝土砌块砌筑砂浆强度等级不应低于Ma5；混凝土砌块砌筑砂浆强度等级不应低于Mb5；蒸压普通砖砌筑砂浆强度等级不应低于Ms5。

3.4.4.10 当地下水、土对结构具有腐蚀性时，应根据《工业建筑防腐蚀设计标准》（GB/T 50046）进行防腐设计。

3.4.4.11 站区场地平整工程宜挖填平衡。边坡宜采用坡率法放坡，当边坡高度较大（>6m）时，可采用坡率法与挡墙结合的支挡方式。挡墙宜采用重力式挡土墙。边坡防护宜采用骨架植物护坡。

3.4.4.12 所有钢结构应进行防腐处理，宜采用表面热浸镀锌处理方式，现场焊接部分可采用环氧富锌底漆+环氧云铁中间漆及丙烯酸聚氨酯系统。

3.4.5 采暖通风及空气调节应符合的规定

3.4.5.1 升压站/开关站建筑采暖通风及空调设计遵守《发电厂供暖通风与空气调节设计规范》（DL/T 5035）、《工业建筑供暖通风与空气调节设计规范》（GB 50019）、《民用建筑供暖通风与空气调节设计规范》（GB 50736）、《火力发电厂与变电站设计防火标准》（GB 50229）、《建筑设计防火规范》（GB 50016）中的相关要求。

3.4.5.2 供暖方式的选择应根据建筑物的功能及规模，所在地区气象条件、能源状况、能源政策、环保等要求，通过技术经济比较确定。

3.4.5.3 所有工作场所严禁采用明火采暖。无采暖热源时，升压站/开关站建筑物宜采用电加热供暖方式。宿舍楼等居住建筑结合实际需求可采用发热电缆地面辐射供暖方式，蓄电池室、柴油发电机房、油品库等房间应采用防爆型电暖器。

3.4.5.4 冬季无人设备房间（包括配电装置室、柴油发电机房、水泵房等）室内环境温度不低于5℃，集中控制室、网络继电器室、蓄电池室、住宿办公房间室内环境温度不低于18℃。直通室外的进、排风口应考虑防寒措施。

3.4.5.5 位于非采暖地区，具有高海拔、冬季冻雨、极端最低气温较低等特点的山地光伏电场，全站应考虑冬季采暖。

3.4.5.6 配电装置室、无功补偿装置室、蓄电池室、柴油发电机房应设置通风系统，夏季蓄电池室维持室内温度不高于30℃，其他房间维持室内温度不高于35℃。当通风不能维持室内温度要求时，应采取空调降温措施。柴油发电机房及蓄电池室采用防爆型通风和空调设备。

3.4.5.7 位于南部多雨地区，湿度较大地区的光伏电场，升压站/开关站内配电装置室、无功补偿装置室、蓄电池室应考虑除湿。

3.4.5.8 柴油发电机房及蓄电池室应设置换气次数不少于每小时6次的事故通风系统。当采用机械排风系统时，事故排风机应兼作通风机使用。

3.4.5.9 配电装置室若有含SF_6设备，应设置事故排风系统，事故排风口位于房间下部。排风机选用防腐型，事故通风时，事故排风机根据室内SF_6气体浓度启停，保证室内空气中SF_6浓度不超过$6000mg/m^3$。

3.4.5.10 油品库排风机选用防爆型，油品库排风系统兼事故通风。当采用机械进风、机械排风时，排风量比进风量大20%。

3.4.5.11 预制舱舱体内采暖、通风及空调设备由预制舱厂家配置，满足相关规范要求。

3.4.6 给排水设计要求

3.4.6.1 升压站/开关站给排水设计遵守《建筑给水排水设计标准》(GB 50015)、《变电站与换流站给水排水设计规程》(DL/T 5143)、《室外给水设计标准》(GB 50013)、《室外排水设计标准》(GB 50014)、《火力发电厂与变电站设计防火标准》(GB 50229)、《建筑设计防火规范》(GB 50016)中的相关要求。

3.4.6.2 供水系统设计应符合以下规定：

（1）应按照光伏电场规划容量统一规划，分期建设。

（2）站内生产、生活和消防用水可采用市政自来水或打井取水方式。在市政水源水压、水量满足使用要求的情况下，优先选用市政水源，若无市政水源，则由深井泵供应。

（3）如采用打井取水，深井供水量不宜小于7.5m³/h，满足组件清洗、生活水箱和消防水池补水需求，其中消防水池补水时间不大于48h。深井泵扬程根据抽水试验报告和供水压力经计算确定。

（4）当供水水源水量或水压不满足要求时，应在站内设置生活水加压调蓄设施。升压站/开关站加压调蓄设施一般可由变频恒压供水装置、生活水箱和消毒装置组成。

（5）生活饮用水系统的水质，应符合《生活饮用水卫生标准》(GB 5749)的规定。当不符合要求时，需设置净水设备对水质进行处理，处理工艺根据原水水质经技术经济比较确定。

（6）生活给水宜选用成套净水装置。生活水箱宜选用不锈钢成品水箱。

（7）变频恒压供水设备配有生活水泵2台，1用1备；气压罐1台。变频生活水泵与站内管网压力联锁。

（8）室外生活给水管宜采用骨架聚乙烯塑料复合管，室内生活给水管宜采用PPR管。

（9）生产用水主要指光伏组件清洗用水，用水量可按5m³/(MW·次)设计，可考虑每300MW光伏场配置一辆5m³清洗水车。

（10）生活用水主要包括生活盥洗用水、食堂用水、绿地浇洒、冲洗车辆等生产、生活用水及未预见用水量和管网漏失水量。生活盥洗用水按照150L/(人·d)设计；办公用水按照30L/(人·d)设计；食堂用水按照20L/(人·餐)设计；绿地浇洒和冲洗车辆按照2L/(m²·d)设计，未预见用水量和管网漏失水量按照总用水量的10%考虑。

3.4.6.3 排水系统设计应符合以下规定：

（1）站内污水排放（含雨水）系统应按照光伏电场规划容量统一规划，一次建设完成。生活排水系统排水定额宜为其相应的生活给水系统用水定额的85%~95%。

（2）雨污水管道室内部分应采用UPVC管，室外部分可采用钢带聚乙烯双壁波纹管、钢筋混凝土管等排水管材，承插连接。

（3）升压站/开关站内污水应采用有组织排水系统，站内污水汇集到化粪池沉淀后，经污水处理设备处理达到《城市污水再生利用 城市杂用水水质》（GB/T 18920）规定后进行回用，夏季作为站内绿化、道路冲洗用水，冬季多余产水外排。

（4）升压站/开关站面积较小，且多处于北方干旱地区，雨水宜采用散排方式。当升压站/开关站位于南方多雨地区或升压站/开关站不具备雨水自然散排条件时应设置雨水排水系统。

（5）站内电缆沟及事故油池排水应采用有组织排水，当重力自流困难时，可在电缆沟及事故油池附近设置潜水提升泵，将雨水排出站外。潜水提升泵应设置液位控制器，自动启停。

3.4.6.4 生活热水。

（1）生活区宿舍楼、综合楼生活热水可采用太阳能热水、电热水器等供热方式，当宿舍楼、综合楼屋面不设光伏组件时，宜设置太阳能热水系统。

（2）生活区宿舍楼、综合楼采用集中集热、分散供热太阳能热水系统或分散集热、分散供热太阳能热水系统时，宜采用电加热作为辅助热源。

（3）日照时数大于1400h/a且年太阳辐射量大于4200MJ/m²及年极端最低气温不低于−45℃的地区，其日照时数及年太阳能辐照量可按《建筑给水排水设计标准》（GB 50015）规定取值。

3.5

消防设计

升压变电站的消防设计应贯彻"预防为主，消防结合"的方针，遵守《光伏发电站设计规范》（GB 50797）、《火力发电厂与变电站设计防火标准》

（GB 50229）、《建筑设计防火规范》（GB 50016）、《建筑灭火器配置设计规范》（GB 50140）、《电力设备典型消防规程》（DL 5027）、《建筑防火通用规范》（GB 55037）中的相关规定；同时需考虑当地消防部门的意见。

3.5.1 一般消防原则

3.5.1.1 贯彻"预防为主、防消结合"的消防工作方针，做到防患于未"燃"。严格按照规程规范的要求设计，采取"一防、二断、三灭、四排"的综合消防技术措施。

3.5.1.2 工程消防设计与升压站/开关站总平面布置统筹考虑，保证消防车道、防火间距、安全出口等满足有关要求。

3.5.1.3 升压站/开关站一般离城镇较远，可借助的社会消防力量有限，消防设计立足于自救。

3.5.1.4 升压站/开关站应按《火力发电厂与变电站设计防火标准》（GB 50229）、《建筑设计防火规范》（GB 50016）设置消防给水系统。

3.5.1.5 各个建构筑物按《建筑灭火器配置设计规范》（GB 50140）要求配置移动式灭火器。

3.5.2 建筑消防

3.5.2.1 站区建筑物与构筑物在生产过程中的火灾危险性分类及耐火等级见表3.5-1。

表 3.5-1　建（构）筑物的火灾危险性分类及其耐火等级

序号	建（构）筑物名称		火灾危险性分类	耐火等级
1	中央控制室、通信室		戊	二级
2	继电保护室（包括蓄电池室、直流盘室）		戊	二级
3	电缆夹层、电缆隧道		丙	二级
4	配电装置楼（室）	单台设备油量60kg以上	丙	二级
5		单台设备油量60kg及以下	丁	二级
6		无含油电气设备	戊	二级

序号	建（构）筑物名称		火灾危险性分类	耐火等级
7	屋外配电装置	单台设备油量60kg以上	丙	二级
8		单台设备油量60kg及以下	丁	二级
9		无含油电气设备	戊	二级
10	油浸变压器室		丙	二级
11	下式变压器室		丁	二级
12	电容器室（有可燃介质）		丙	二级
13	干式电容器室		丁	二级
14	油浸电抗器室		丙	二级
15	干式铁芯电抗器室		丁	二级
16	总事故储油池		丙	二级
17	生活、消防水泵房，水处理室，消防水池		戊	二级
18	雨淋阀室，泡沫设备室		戊	二级
19	污水、雨水泵房		戊	二级
20	材料库、工具间	有可燃物	丙	二级
21		无可燃物	戊	二级
22	锅炉房		丁	二级
23	柴油发电机室及其储油间		戊	二级
24	汽车库，检修间		丁	二级
25	办公室，警传室		一	二级
26	宿舍，厨房，餐厅		一	二级

3.5.2.2 升压站/开关站内建（构）筑物及设备之间的防火间距不小于表3.5-2中数值。

表 3.5-2 建（构）筑物及设备之间的防火间距　　　　　　　　　　m

建构筑物、设备名称		丙、丁、戊类生产建筑 耐火等级		屋外配电装置 每组断路器油量（t）	可燃介质电容器（室、棚）	总事故贮油池	办公生活建筑 耐火等级三级	
		一、二级	三级	＜1			一、二级	三级
丙、丁、戊类生产建筑	耐火等级 一、二级	10	12	—	10	5	10	12
	耐火等级 三级	12	14	—	10	5	12	14
屋外配电装置	每组断路器油量（t）＜1	—			10	5	10	12
油浸变压器和电抗器	单台设备油量（t）≥5，≤10	10			10	5	15	20
	单台设备油量（t）>10，≤50						20	25
	单台设备油量（t）>50						25	30
可燃介质电容器（棚）		10		10	—	5	15	20
事故贮油池		5		5	5	—	10	12
办公生活建筑	耐火等级 一、二级	10	12	10	15	10	6	7
	耐火等级 三级	12	14	12	20	12	7	8

注　1.建构筑物防火间距应按相邻两建构筑物外墙的最近距离计算，如外墙有凸出的燃烧构件时，则应从其凸出部分外缘算起。

　　2.相邻两座建筑两面的外墙为非燃烧体且无门窗洞口、无外露的燃烧屋檐，其防火间距可按本表规定减少25%。

　　3.相邻两座建筑较高一面的外墙如为防火墙时，其防火间距可不限，但两座建筑物门窗之间的净距不应小于5m。

　　4.生产建构筑物侧墙外5m以内布置油浸变压器或可燃介质电容器等电气设备时，该墙在设备总高度加3m的水平线以下及设备外廓两侧各3m的范围内，不应设有门窗、洞口；建筑物外墙距设备外廓5~10m时，在上述范围内的外墙可设甲级防火门，设备高度以上可设防火窗，其耐火极限不应小于0.90h。

5. 屋外配电装置与其他建构筑物的间距，除注明者外，均以架构计算。

6. 生产建筑和办公生活建筑宜各自单独设置，若场地受限或其他原因生产建筑和办公生活建筑需相邻设置时，两幢建筑之间应设置防火墙，防火墙上若需设门，需采用能自动关闭的甲级防火门。两幢建筑均需按独立的防火分区设置出入口，两侧建筑物门窗之间的净距不应小于5m。

7. 设置带油电气设备的建构筑物与贴邻或靠近该建构筑物的其他建构筑物之间应设置防火墙。

3.5.2.3 升压站/开关站内应设环形道路，主干道宽度大于等于4.0m，主变压器侧道路宽度大于等于4.5m。道路转弯半径为9m，消防车可顺利通至各建（构）筑物及主变压器附近，便于消防。

3.5.2.4 站内主要电气设备房间的门应向疏散方向开启，并采用防火门。

3.5.2.5 建筑装修采用不燃或难燃材料，升压变电站内装修工程严格执行《建筑内部装修设计防火规范》（GB 50222）的规定。中央控制室等工艺设备房间，以及消防水泵房，其室内装修采用A级不燃材料。

3.5.3 电气消防

3.5.3.1 当升压变电站为户外变电站时，消防水泵、自动灭火系统、与消防有关的电动阀门及交流控制负荷应按Ⅱ类负荷供电；如为户内变电站、地下变电站应按Ⅰ类负荷供电。

3.5.3.2 升压站/开关站内的火灾自动报警系统和消防联动控制器，当本身带有不停电电源装置时，应由站用电源供电；当本身不带有不停电电源装置时，应由站内不停电电源装置供电。当电源采用站内不停电电源装置供电时，火灾报警控制器和消防联动控制器应采用单独的供电回路，并应保证在系统处于最大负载状态下不影响报警控制器和消防联动控制器的正常工作，不停电电源的输出功率应大于火灾自动报警系统和消防联动控制器全负荷功率的120%，不停电电源的容量应保证火灾自动报警系统和消防联动控制器在火灾状态同时工作负荷条件下连续工作3h以上。

3.5.3.3 消防用电设备采用双电源或双回路供电时，应在最末一级配电箱处自动切换。

3.5.3.4 升压站/开关站内主要疏散通道、楼梯间及安全出口等处，均设置有火灾事故照明灯及疏散方向标志灯。

3.5.3.5 消防用电设备应采用专用的供电回路，当发生火灾切断生产、生活用电时，仍应保证消防用电，其配电设备应设置明显标志；其配电线路和控制回路宜按防火分区划分。

3.5.3.6 应急照明、火灾自动报警、自动灭火装置、防排烟设施、消防水泵、消防电梯等联动系统应采用阻燃或耐火电缆；变压器风冷却装置、通信电源、远动装置、控制系统、保护测控装置电源等重要负荷应采用双回供电回路。升压站/开关站内的消防供电其他事宜应按照《火力发电厂与变电站设计防火标准》（GB 50229—2019）11.7执行。

3.5.3.7 消防应急照明、疏散指示标志应采用蓄电池直流系统供电，疏散通道应急照明、疏散指示标志的连续供电时间不应少于30min，继续工作应急照明连续供电时间不应少于3h。消防应急照明及疏散指示相关设备及布置按照《消防应急照明和疏散指示系统技术标准》（GB 51309）执行。

3.5.3.8 长度超过100m的电缆沟或电缆隧道，应采取防止电缆火灾蔓延的阻燃或分隔措施，并应根据变电站的规模及重要性采取下列一种或数种措施：

（1）采用耐火极限不低于2.00h的防火墙或隔板，并用电缆防火封堵材料封堵电缆通过的孔洞。

（2）电缆局部涂防火涂料或局部采用防火带、防火槽盒。

3.5.3.9 电缆从室外进入室内的入口处、电缆竖井的出入口处，建（构）筑物中电缆引至电气柜、盘或控制屏、台的开孔部位，电缆贯穿隔墙、楼板的空洞应采用电缆防火封堵材料进行封堵，其防火封堵组件的耐火极限不应低于被贯穿物的耐火极限，且不低于1.00h。

3.5.3.10 升压站/开关站主要电气房间根据其火灾危险性等级，配备烟感探测装置及手动报警器。各房间所有通往室外的孔洞均采用防火材料封堵。

3.5.3.11 升压站/开关站应设置火灾自动报警系统。系统设计选择的主要设备有：智能型火灾自动报警控制器、分布智能型点式感烟、手动报警按钮、声光报警器等。其中，火灾自动报警控制器应设置于中央控制室内，作为光伏电场的报警控制中心。

3.5.3.12 除住宅建筑的燃气用气体部位外，建筑内可能散发可燃蒸气的场所应设置可燃气体探测报警装置。

3.5.3.13 消防控制室（可与主控室合并）、消防水泵房、柴油发电机房、站用电配电室以及发生火灾时仍需要正常工作的消防设备房应设置备用照明，其作业面的最低照度不应低于正常照明的照度。

3.5.3.14 消防控制室应满足《建筑防火通用规范》(GB 55037—2022)4.1.8的规定,消防控制室应位于建筑物的首层或者地下一层,疏散门应直通室外或安全出口。

3.5.4 消防给水

3.5.4.1 升压站/开关站应设置消防给水系统。当升压站/开关站内建筑物满足耐火等级不低于二级,体积不超过3000m³,且火灾危险性为戊类时,可不设消防给水。

3.5.4.2 站内消防水源宜与生活水源一致。站内应设置独立的消防水池,消防水池补水时间不应大于48h。

3.5.4.3 站内消防用水量应按火灾时一次最大室内和室外防用水量之和计算。

3.5.4.4 消防给水采用独立给水系统,宜采用临时高压给水系统,由2台室外消防主泵(一用一备)、一套消防稳压设备(2泵1罐)、室外消防管网组成。消防水泵及稳压设备布置在消防水泵房内。消防主管网在室外成环状,配置6套25m衬胶水带及水枪。

3.5.4.5 升压站/开关站室内外消防给水管道宜采用加厚钢管或无缝钢管,室内消防给水管道宜采用热浸镀锌钢管。管道公称压力为1.0MPa,室外消防水管道管顶覆土厚度不小于当地最大冻深0.15m。

3.5.4.6 阀门型式:埋地管道的阀门宜采用带启闭刻度的暗杆闸阀,当设置在阀门井内时可采用耐腐蚀的明杆闸阀;室内架空管道的阀门宜采用蝶阀、明杆闸阀或带启闭刻度的暗杆闸阀;室外架空管道宜采用带启闭刻度的暗杆闸阀或耐腐蚀的明杆闸阀。

3.5.4.7 阀门材质:埋地管道的阀门应采用球墨铸铁阀门,室内架空管道的阀门应采用球墨铸铁或不锈钢阀门,室外架空管道的阀门应采用球墨铸铁阀门或不锈钢阀门。

3.5.4.8 室内消火栓按2支消防水枪的2股充实水柱布置,消火栓的布置间距不应大于30.0m。消火栓栓口动压力大于0.50MPa时,应采用减压稳压型消火栓。

3.5.4.9 预制舱式储能电站消防灭火系统要求如下:

(1)电池预制舱内应设置细水雾、气体等固定自动灭火系统,灭火系统类型、技术参数应经《预制舱式磷酸铁锂电池储能电站消防技术规范》(T/CEC 373—2020)附录A电力储能用模块级磷酸铁锂电池实体火灾模拟试验验证。固定自动灭火系统的启动应根据"先断电、后灭火"的原则，先行断开舱级储能变流器的断路器和簇级继电器后，方可启动灭火系统进行灭火。

（2）预制舱式储能电站应设置消防给水系统，消火栓灭火系统的火灾延续时间不应小于3.00h，自动喷水灭火系统的火灾延续时间应根据《预制舱式磷酸铁锂电池储能电站消防技术规范》（T/CEC 373—2020）附录A试验结果确定，但不应小于1.00h。

（3）预制舱式储能电站室外同时使用消防水枪数量不应少于4支，消火栓用水量不应小于20L/s。

（4）消火栓宜在场地内路边均匀布置，间距不应大于60m，检修阀之间的消火栓数量不应大于5个。

3.5.4.10 预制舱舱体内灭火设施由预制舱厂家配置，满足相应规范要求。

3.5.5 暖通消防

3.5.5.1 站内综合楼等建筑物每层内走道长度若大于20m时，宜优先采用自然排烟方式，设置自然排烟窗（口）困难时可采用机械排烟。自然排烟窗（口）面积、机械排烟量计算按《建筑防烟排烟系统技术标准》（GB 51251）执行。

3.5.5.2 蓄电池、油品库、柴油发电机等房间采用防爆型采暖通风空调设备。当火灾发生时，送排风系统、空调系统应能自动停止运行。当采用气体灭火系统时，穿过防护区的通风或空调风道上的阻断阀应能立即自动关闭。

3.5.5.3 预制舱舱体内防火排烟设施由预制舱厂家配置，满足相关规范要求。

3.5.6 其他消防措施

3.5.6.1 升压站/开关站主要电气房间有配电装置室、中央控制室、继电保护室、蓄电池室等，根据其火灾危险性等级，配置一定数量的手提式灭火器，同时配备烟感探测装置及手动报警器。各房间所有通往室外的孔洞均采用防火材料封堵。

3.5.6.2 站内主变压器单台容量大于125MVA时，应设置水喷雾灭火系统或排油注氮灭火装置（灭火系统选择应满足当地消防部门要求）。

3.5.6.3 在主变压器附近配置推车式灭火器，同时配备1m³砂箱、消防斧、铲等。

3.5.6.4 站内建筑物每层内走道长度若大于20m时，应在该层设置有效面积不小于走道建筑面积2%的自然排烟窗。

3.6

可再生资源利用

根据《建筑节能与可再生能源利用通用规范》（GB 55015），升压站/开关站应进行可再生能源利用设计。

3.6.1 一般规定

3.6.1.1 可再生能源建筑应用系统设计时，应根据当地资源与适用条件统筹规划。

3.6.1.2 采用可再生能源时，应根据适用条件和投资规模确定该类能源可提供的用能比例或保证率，以及系统费效比，并应根据项目负荷特点和当地资源条件进行适宜性分析。

3.6.2 太阳能利用

3.6.2.1 新疆建筑物应安装太阳能系统。

3.6.2.2 在既有建筑物上增设或改造太阳能系统，必须经建筑结构安全复核，满足建筑结构的安全性要求。

3.6.2.3 太阳能系统应做到全年综合利用，根据使用地的气候特性、实际需求和适用条件，为建筑物供电、供生活热水、供暖或（及）供冷。

3.6.2.4 太阳能建筑一体化应用系统的设计应与建筑设计同步完成。建筑物上安装太阳能系统不得降低相邻建筑的日照标准。

3.6.2.5 太阳能系统与构件及其安装安全，应符合下列规定：

（1）应满足结构、电气及防火安全的要求。

（2）由太阳能集热器或光伏电池板构成的围护结构构件，应满足相应围护结构构件的安全性及功能性要求。

（3）安装太阳能系统的建筑，应设置安装和运行维护的安全防护措施，以及防止太阳能集热器或光伏电池板损坏后部件坠落伤人的安全防护设施。

3.6.2.6 太阳能系统应对下列参数进行监测和计量：

（1）太阳能热利用系统的辅助热源供热量、集热系统进出口水温、集热系统循环水流量、太阳总辐照量，以及按使用功能分类的下列参数：

1）太阳能热水系统的供热水温度、供热水量。

2）太阳能供暖空调系统的供热量及供冷量、室外温度、代表性房间室内温度。

（2）太阳能光伏发电系统的发电量、光伏组件背板表面温度、室外温度、太阳总辐照量。

3.6.2.7 太阳能热利用系统应根据不同地区气候条件、使用环境和集热系统类型采取防冻、防结露、防过热、防热水渗漏、防雷、防雹、抗风、抗震和保证电气安全等技术措施。

3.6.2.8 防止太阳能集热系统过热的安全阀应安装在泄压时排出的高温蒸汽和水不会危及周围人员的安全的位置上，并应配备相应的设施；其设定的开启压力，应与系统可耐受的最高工作温度对应的饱和蒸汽压力相一致。

3.6.2.9 太阳能热利用系统中的太阳能集热器设计使用寿命应高于15年。太阳能光伏发电系统中的光伏组件设计使用寿命应高于25年，系统中多晶硅、单晶硅、薄膜电池组件自系统运行之日起，一年内的衰减率应分别低于2.5%、3%、5%，之后每年衰减应低于0.7%。

3.6.2.10 太阳能热利用系统设计应根据工程所采用的集热器性能参数、气象数据以及设计参数计算太阳能热利用系统的集热效率，且应符合表3.6-1的规定。

表3.6-1　太阳能热利用系统的集热效率 η　　　　　　%

太阳能热水系统	太阳能供暖系统	太阳能空调系统
≥42	≥35	≥30

3.6.2.11 太阳能光伏发电系统设计时，应给出系统装机容量和年发电总量。

3.6.2.12 太阳能光伏发电系统设计时，应根据光伏组件在设计安装条件下光伏电池最高工作温度设计其安装方式，保证系统安全稳定运行。

3.6.2.13 太阳能光伏发电系统接入应满足如下要求：

（1）太阳能屋面光伏采用的设备及接入应满足国家电网公司或南方电网公司相关技术要求。

（2）太阳能光伏发电系统本体设计可参照本规范2.4节进行设计。

（3）升压站/开关站内屋面光伏通过低压并网柜或者接入箱接入站内站用电

系统，站0.4kV开关柜内需预留一路光伏接入开关，预留开关额定电流视光伏装机容量而定。

（4）光伏接入箱或柜内配置隔离开关、断路器、电流互感器、多功能数显表、浪涌保护器等设备，实现光伏电能的测量。当整站光伏装机容量不超过50kW，且无特殊要求（如设置单独测量小室）时，可选择配置光伏接入箱。整站光伏装机容量超过50kW，或有特殊要求（如设置单独测量小室）时，可选择配置光伏接入柜，光伏接入柜型式宜与升压站内0.4kV开关柜保持一致。

4 劳动安全与工业卫生

一般规定

4.1.1 光伏发电工程设计应认真贯彻"安全第一，预防为主，综合治理"的方针，劳动安全与工业卫生设施必须与主体工程同时设计、同时施工、同时投入生产和使用。

4.1.2 在可行性研究报告中应有劳动安全与工业卫生的设计内容；安全预评价应在可行性研究设计报告审查之前完成。审定的安全预评价报告及其评审意见，作为下阶段工程设计、招投标、土建施工、设备安装、机组投产后运行管理及主管部门进行检查、安全监督管理、竣工验收和后评估的依据。

4.1.3 劳动安全与工业卫生的工程设计必须在各项专业设计中落实安全预评价报告和审批意见中的各项安全防护措施，对安全预评价报告中的主要结论和建议应在工程设计中有相应的技术组织措施进行响应，同时应满足《光伏发电站安全规程》（GB/T 35694）、《光伏发电工程安全预评价规程》（NB/T 32039）、《光伏发电工程可行性研究报告编制规程》（NB/T 32043）、《光伏发电工程安全验收评价规程》（NB/T 32038）和《光伏发电工程验收规范》（GB/T 50796）等规定。

主要危险有害因素分析

4.2.1 分析说明气象、地质等自然条件及周围环境条件对光伏电场工程选址以及总体布置的不安全因素及其可能危害。

4.2.2 分析说明可能引发火灾、影响电力生产安全及电网安全运行、造成人员财产重大伤亡损失的主要建（构）筑物、设备事故。

4.2.3 分析说明在生产运行和维护过程中可能发生的火灾、爆炸、电气伤害、机械伤害、物体打击伤害、高处坠落伤害、起重伤害、车辆伤害、自然灾害等危险因素及其可能造成人员伤亡、财产损失的严重后果。

4.2.4 分析说明场区生产作业场所可能存在的噪声、高温、低温、潮湿、腐蚀、沙尘、有害物质、电磁辐射等有害因素及其可能危害工作人员身心健康的严重后果。

4.2.5 按照分部工程或事故类型简要分析工程施工期危险、有害因素。若施工过程中存在火工器材库、炸药库和燃油库，则应对其进行重大危险源辨识。

4.2.6 如工程采用了新工艺、新技术、新材料或新设备，应对其可能产生的危险、有害因素进行重点分析。

工程安全卫生设计

根据工程施工期、运行期可能存在的危险、有害因素分析，提出相应的工程安全卫生设计要求。

4.3.1 工程防火、防爆

4.3.1.1 设计应总体考虑消防给水、灭火设施、消防配电、电缆防火等系统。

4.3.1.2 光伏电场升压站建构筑物之间的安全距离应满足《变电站总布置设计技术规程》（DL/T 5056）。建筑防火分区、防火隔断、防火间距、安全疏散、消防通道、电缆/线的防火与阻燃设计应符合《建筑设计防火规范》（GB 50016）、《建筑内部装修设计防火规范》（GB 50222）、《火力发电厂与变电站设计防火标准》（GB 50229）、《电力工程电缆设计标准》（GB 50217），并应同时满足相应等级升压站设计技术规程对消防的要求。

4.3.1.3 光伏电场升压站消防设备的配置应满足《建筑灭火器配置设计规范》（GB 50140）、《电力设备典型消防规程》（DL 5027）中的要求。

4.3.1.4 充油、充压力气体、充或释放可燃性液体及气体的设备，应针对爆炸源及因素采取相应的防爆防护措施。设计应符合《建筑设计防火规范》（GB 50016）、《爆炸危险环境电力装置设计规范》（GB 50058）、《电力工程电缆设计标准》（GB 50217）、《交流电气装置的接地设计规范》（GB/T 50065）、《电力工程直流电源系统设计技术规程》（DL/T 5044）及其他有关标准、规范的规定。

4.3.2 防有毒气体

充油设备、电缆/线集中场所、SF$_6$设备、蓄电池、材料设备存储、放置间等，易释放有毒气体，设计时应满足《电力工程电缆设计标准》（GB 50217）、《工业企业设计卫生标准》（GBZ1）、《电力安全工作规程 发电厂和变电站电气部分》（DL/T 408）、《高压配电装置设计规范》（DL/T 5352）、《六氟化硫电气设备运行、试验及检修人员安全防护导则》（DL/T 639）的要求，采取针对性的防护措施，有害物的浓度不超过现行的国家有关卫生标准的规定。

4.3.3 防电气伤害

4.3.3.1 电气设备的布置均应满足《高压配电装置设计规范》（DL/T 5352）规定的电气安全净距要求。

4.3.3.2 防雷击事故设计应满足《建筑物防雷设计规范》（GB 50057）的要求，并严格进行工程防雷设施的安装质量验收。

4.3.3.3 光伏电场、升压站应设有接地网，其接地电阻、接触电势和跨步电势均应符合《交流电气装置的接地设计规范》（GB/T 50065）的要求，确保设备及操作人员的人身安全。

4.3.3.4 对于误操作可能带来人身触电或伤害事故的设备或回路，均设置电气联锁装置或机械联锁装置以确保安全。

4.3.3.5 所有高压开关柜均应具有五防功能。

4.3.3.6 工作照明及事故照明设计中的各工作场地的照度均应满足《发电厂和变电站照明设计技术规定》（DL/T 5390）的要求。

4.3.3.7 电气设备外壳正常运行时的最高温升，运行人员经常触及的部位不大于30K；运行人员不经常触及的部位不大于40K；运行人员不触及的部位不大于65K，并设有明显的安全标志。

4.3.4 防机械伤害及坠落伤害

4.3.4.1 对旋转设备进行检修维护时，应防止转动设备产生的机械伤害。建构筑物内均应考虑高空物件、设备意外坠落伤人、人员高空跌落受伤的影响，应有现场安全操作规程及相应的防护措施。

4.3.4.2 机械设备的布置设计中应满足有关标准规定的防护安全距离要求，在设备采购中要求制造厂家提供的设备符合《生产设备安全卫生设计总则》（GB 5083）、《机械安全 防护装置 固定式和活动式防护装置的设计与制造一般要求》（GB/T 8196）等有关标准的规定。

4.3.5 防噪声及振动伤害

4.3.5.1 噪声控制的设计应满足《工业企业噪声控制设计规范》（GB/T 50087）的规定，当人员不得不在噪声环境中作业时，需有防护措施，并满足《生产过程安全卫生要求总则》（GB/T 12801）及国家其他相关规定。

4.3.5.2 从振动源上进行控制并采取隔离、减振等措施，防振动设计应符合《动力机器基础设计标准》（GB 50040）及其他有关标准、规范的规定。

4.3.6 防电磁辐射

根据《光伏发电工程劳动安全与职业卫生设计规范》（NB/T 32040），光伏发电工程设计时应进行防电磁辐射设计。在接触电磁辐射的工作场所，对作业人员的辐射防护要求要满足《工作场所有害因素职业接触限值 第2部分：物理因素》（GBZ 2.2）的规定限值，选用满足防护微波辐射要求的产品及防护措施，在设计时应满足对人、对物的距离要求。

4.3.7 防车辆伤害

依照国家相关法规，并根据现场实际施工建设、运行维护的需要，以保护人的生命安全为根本出发点，编制现场车辆交通管理守则，规范车辆的进出、行驶及使用权限等。

4.3.8 防传染病

疾病防治应依照《中华人民共和国传染病防治法》中相关规定，制定现场人员管理及传染病防治守则，制定可行有效的传染病应急预案并成立日常防治小组，并明确相关责任人。

劳动安全与卫生机构及设置

4.4.1 根据法律法规制定相关职业安全卫生制度。

4.4.2 明确工程安全管理机构和专职（或兼职）管理人员。

4.4.3 明确应配置的安全卫生检测仪器设备及宣传教育设备的配置标准。

4.4.4 明确光伏电场内设置安全标志的场所（部位、通道），安全标志的类型、图形文字、颜色等的基本原则和要求应符合《电力生产企业安全设施规范手册》的有关规定。

工程运行期安全管理

4.5.1 贯彻"安全第一、预防为主、综合治理"的方针，落实工程安全与工业卫生技术措施，提出光伏电场安全生产指导原则、安全管理目标、安全生产责任制、运行规章制度、反事故措施和劳动保护措施、安全生产教育及培训制度、安全生产监督等管理和制度建设要求。

4.5.2 事故应急预案。

4.5.2.1 光伏电场的突发事故应有一个系统的应急救援预案，该预案须在光伏电场投产前经有关部门的审批。预案应对光伏电场在运行过程中出现的突发事故有一个较全面的处理手段，在事故发生的第一时间内及时做出反应，采取措施防止事故的进一步扩大。在事故未查明之前，除特殊情况外（如抢救人员生命等），当班运行人员应保护事故现场，防止设备损坏。

4.5.2.2 按照《生产经营单位生产安全事故应急预案编制导则》（GB/T 29639）和

《生产安全事故应急预案管理办法》（应急管理部令第2号）的规定，说明事故应急预案的编制、评审、备案和实施等相关要求。

劳动安全与卫生专项投资概算

光伏电场劳动安全与卫生专项投资概算分为建筑工程、设备及安装工程、独立费用三部分。

4.6.1 建筑工程，是指专项用于生产运行期作业场所内为预防、减少、消除和控制危险和有害因素而建设的永久性劳动安全与工业卫生建筑工程设施，如安全防护工程、房屋建筑工程以及其他工程等。

4.6.2 设备及安装工程，是指专项用于生产运行期作业场所内为预防、减少、消除和控制危险和有害因素而购置的劳动安全与工业卫生设备、仪器及其安装、率定等，如安全监测设备及安装工程、防护设备工程、应急救援系统以及其他设备、安装工程等。

4.6.3 独立费用，是指安全预评价、设计及验收评价过程中发生的相关独立费用，如专项咨询服务费、专项评审及验收费、安全生产培训费等。

5 环境保护与水土保持

5.1

环境保护

5.1.1 环境保护设计应执行国家环境保护的法律法规；污染物排放不得超过国家、地方及行业规定的排放标准和主要污染物总量控制指标。环境影响报告书（表）及环境保护主管部门对环境影响报告书（表）的批复文件是环境保护设计的依据，其中规定的各项环境保护措施必须与主体工程同时设计、同时施工、同时投入运行。

5.1.2 光伏电场场址需满足生态环境保护要求，即场址选择须符合国家及地方环境保护规划、地方总体规划、环境功能区划、生态功能区划、生态红线等的要求；场址应避开自然保护区、风景名胜区、世界文化和自然遗产地、饮用水保护区和文物保护单位；应尽量避开基本农田保护区、野生动物重要栖息地、重点保护野生植物生长繁殖地、重要湿地和集中居民点。

5.1.3 环境保护目标包括地表（下）水环境质量、环境空气质量、土壤环境质量、生态环境质量、声环境质量等。根据场址区域环境功能区划，确定地表水、大气环境、声环境执行的环境质量标准，确定大气污染物、水污染物、噪声等执行的污染物排放标准。

5.1.4 光伏电场工程环境状况调查包括自然环境（包括地形、地貌、地质、气候、气象）、社会环境（包括社会经济结构、土地利用、交通旅游、文物保护等）、生态环境（包括动植物资源种类、数量、分布、珍稀濒危动植物资源分布等）。

5.1.5 光伏电场工程施工对环境的影响主要包括：施工对土地利用的影响，应调查工程永久占地和临时占地的土地性质、数量，分析工程占地对土地的所有者造成的影响；施工过程中的污废水产生及排放对水环境等的影响，应分析施工过程中污废水量、特征污染物源强、污废水处理工艺及排放去向及其对受纳水环境影响；施工活动对生态环境的影响，应分析施工对植被破坏、对陆生动物及鸟类栖息、觅食、繁殖、迁徙等活动的影响；施工过程中的主要噪声源及源强，评价施工噪声对周围环境、保护目标和施工人员的影响；工程施工中产生的扬尘和废气造成局部区域的空气污染，分析评价扬尘和废气对周围环境保护目标和施工人员的影响；分析施工期施工废水及生活污水、工程弃渣、生活垃圾等对环境的影响。

5.1.6 光伏电场工程运行期的环境影响主要包括：光伏电场输变电设施对周围环境的电磁辐射影响；光伏电场及配套设施运行产生的各类污废水及固体废弃物对受纳环境的影响；其他包括光伏电场建设对社会经济的影响、对自然景观的影响等。

5.1.7 根据光伏电场施工期和运行期对环境影响因素，提出环境（水环境、声环境、环境空气）保护设计，固体废弃物影响、电磁辐射保护、生态环境减缓或补偿等环境保护措施。

5.1.8 环境管理与监测计划。明确施工期项目建设单位、施工单位和监理单位各自的环境管理职责；明确运行期光伏电场环境管理机构、人员安排及职责；确定施工期及运行期环境监测调查项目、站位、频次，一般包括声环境、电磁环境、污废水水质监测，涉及生态敏感目标时应进行生态环境调查。

5.1.9 环境保护投资概算。提出光伏电场工程环境保护各分项投资和总投资概算。

5.1.10 节能和环境效益。根据光伏电场设计装机规模及上网电量，计算工程年可节约化石能源及水资源量，计算年污染物排放减排量。根据工程施工及运行方案，分析计算污染物排放及生态环境破坏造成的环境损失经济价值。

水土保持设计

5.2.1 水土保持设计应执行国家水土保持法律法规，以水土保持方案报告书和水行政主管部门的批复文件为设计依据，其中水土保持设施应当与主体工程同时设计、同时施工、同时投入使用。

5.2.2 简述项目区水土流失现状（土壤侵蚀类型、土壤侵蚀强度、成因）和水土保持现状（明确"两区划分"情况，涉及国家及省级重点治理项目的，应重点说明）；分析评价主体工程设计及施工组织中的具有水土保持功能的措施，并提出完善意见。

5.2.3 根据光伏电场工程建设土石方平衡分析，明确工程弃土、弃渣的数量及去向。弃土、弃渣等应当综合利用；不能综合利用，确需废弃的，应当堆放在专门存放地，并采取措施保证不产生新的危害。

5.2.4 水土流失防治责任范围及防治分区。

5.2.4.1 水土流失防治责任范围。根据《开发建设项目水土保持技术规范》（GB 50433）及"谁开发谁保护，谁造成水土流失谁治理"的原则确定项目的水土流失防治责任范围，水土流失防治责任范围包括项目建设区和直接影响区。项目建设区应包括永久占地和临时占地；直接影响区是指除项目建设区外，由于受施工活动的影响可能造成水土流失的区域。

5.2.4.2 水土流失防治分区。水土流失防治分区应在确定防治责任范围的基础上进行划分。应根据主体工程布置、施工特点和时序、地形地貌、土壤和植被等特征，以及拟采取的水土保持防治措施等因素，确定工程的水土流失防治分区。光伏电场工程一般可分为以下防治分区：光伏场区、升压站区、集电线路区（非光伏场区内）、交通道路区、施工生产生活区、料场区、弃渣场区和其他区域。

5.2.5 水土流失预测。

5.2.5.1 工程建设扰动原地貌、损坏土地和植被面积，包括工程永久占地及临时占地。

5.2.5.2 根据地方水土流失防治费和补偿费征收、管理、使用的有关规定，明确缴纳水土保持补偿费的计费面积。

5.2.5.3 采用类比法和实地调查相结合的方法，按施工准备期、施工期、自然恢复期三个时段，预测光伏电场工程可能产生的水土流失量和新增水土流失量。

5.2.5.4 简述工程土石方开挖、扰动地貌、占压土地和损坏植被可能对项目区及周边地区水质、生态环境和景观造成的不利影响和危害。

5.2.5.5 根据预测结果，提出新增水土流失产生的主要环节和时段，指出产生水土流失的重点区域和时段，明确水土流失防治和水土保持监测的重点区域和时段。

5.2.6 水土保持方案。

5.2.6.1 水土流失防治目标。依据《生产建设项目水土流失防治标准》（GB/T 50434），按照项目所处水土流失防治区和区域水土保持生态功能重要性，确定工程水土流失防治执行的标准。结合工程区域自然条件、水土流失现状等情况制定建设期和试运行期的水土流失防治目标。

5.2.6.2 水土流失防治措施。根据主体工程布局、施工工艺以及水土流失特点等，结合水土流失防治责任范围的划分和主体工程中具有水土保持功能的分析与评价，按照布局合理、技术可行的原则，根据水土流失的防治目标和各区具体情况，明确各防治分区的水土流失防治措施及工程量。

5.2.7 水土保持监测。水土保持监测内容主要包括：主体工程建设进度、工程建设扰动土地面积、水土流失灾害隐患、水土流失及造成的危害、土壤侵蚀模数背景值、水土保持工程建设情况、水土流失防治效果以及水土保持工程设计、水土保持管理等方面。监测时段应从施工准备期前开始，至设计水平年结束。监测方法采用定点观测和调查监测相结合的方式进行，以定点观测为主，实地调查为辅。监测的重点应包括水土保持方案落实情况，料场、弃渣场使用情况及安全要求落实情况，扰动土地及植被占压情况，水土保持措施实施状况，水土保持责任制度落实情况等。

5.2.8 水土保持工程投资。提出光伏电场工程项目水土保持各分项投资和总投资。

5.2.9 水土保持方案实施的保证措施。

5.2.9.1 明确确保工程水土保持方案实施的组织领导和管理措施。

5.2.9.2 明确确保工程水土保持方案实施的技术保证措施。

5.2.9.3 明确水土保持投资的资金来源及使用管理办法。

5.2.9.4 明确确保工程水土保持方案实施的监督保证措施。

6 节能设计

6.1

用能标准和节能规范

6.1.1 用能标准

光伏发电工程应按《光伏发电系统效能规范》（NB/T 10394）进行综合厂用电率计算。

综合站用电率应为评价周期内，综合站用电量占逆变器出口电量之和的比值。综合站用电量包括逆变器出口电量之和与上网电量的差值，以及光伏发电站项目下网电量。

6.1.2 节能规范

光伏电场节能设计应执行下述有关法规和规范：

《中华人民共和国节约能源法》；

《中华人民共和国可再生能源法》；

《民用建筑节能条例》（国务院第530号令）；

《建筑节能与可再生能源利用通用规范》（GB 55015）；

《工业建筑供暖通风与空气调节设计规范》（GB 50019）；

《公共建筑节能设计标准》（GB 50189）；

《建筑照明设计标准》（GB 50034）；

《建筑采光设计标准》（GB 50033）；

《用能单位能源计量器具配备和管理通则》（GB 17167）；

《电力装置电测量仪表装置设计规范》（GB/T 50063）；

国家其他有关节能政策及标准。

6.2

节能措施和效果

6.2.1 光伏电场建筑节能

建筑物布置、围护结构选型等应遵循节能降耗设计原则。建筑布置应充分利用日照及自然通风；应对建筑的体形以及建筑群体组合进行合理设计，以适应不同的气候环境。

6.2.2 建筑单体节能设计

6.2.2.1 建筑节能设计范围包括生产综合楼、生活用房、需采暖的设备用房等。

6.2.2.2 建筑布置应充分利用日照及自然通风，以适应不同的气候环境，建筑体形宜方正。

6.2.2.3 墙体应积极采用节能产品，尽量选用当地习惯使用的节能材料，外墙宜选用外保温系统，并采用成套产品。

6.2.2.4 寒冷及严寒地区外墙厚度宜大于300mm。

6.2.2.5 寒冷及严寒地区开窗面积不宜过大，严寒地区宜采用两道窗，在高纬度严寒地可采用三道窗；外门窗应选用节能型塑钢门窗或断热铝合金门窗。

6.2.2.6 平屋面采用倒置式屋面，保温材料首选EPS板（挤塑聚苯板）。

6.2.2.7 应注意建筑细部的保温构造，解决外墙出挑构件及附墙构件的热桥及冷桥的问题。

6.2.2.8 升压站建筑每个朝向的窗墙面积比均不应大于0.7。

6.2.3 设备节能

6.2.3.1 光伏电场内变压器类设备选用低损耗、节能型电气设备，以降低厂用电率；光伏电场设备、系统的布置在满足安全运行、便于检修的前提下，尽可能做到合理、紧凑，以减少各种介质的能量损失；光伏电场内电气二次设备选用低功耗元件。

6.2.3.2 暖通设备尽量采用集中控制装置。

6.2.3.3 光伏电场的照明采用高效优质节能型光源、电子镇流器。

6.2.3.4 光伏电场选用节水型卫生洁具等。

6.2.3.5 结合当地条件，采取太阳能、地热能等多种用能形式，以降低光伏电场总能耗。

6.2.4 节能效果

6.2.4.1 光伏电场的节能效益主要体现在光伏电场运行时不需要消耗其他常规能源，环境效益主要体现在不排放任何有害气体和不消耗水资源。

6.2.4.2 通过光伏电场每年光伏发电量，为电网节约标煤的指标数（火电煤耗以各省区标准为准），推算每年可减少燃煤所造成二氧化硫（SO_2）、氮氧化合物（NO_x）、烟尘、二氧化碳（CO_2）等多种有害气体的排放量，减少相应的水力排灰废水和温排水等对水环境的污染，以及节约用水。

7 施工组织设计

光伏发电站施工组织设计应符合《光伏发电工程施工组织设计规范》（GB/T 50795）的相应规定。

施工条件

（1）应概述本工程自然条件，如气候、水文、地质、地形地貌等。

（2）应简述本工程地理位置、工程任务和规模及工程方案。

（3）应简述本工程所在地点对外交通运输条件。

（4）应说明工程厂区施工条件，主要建筑材料、施工期供水和供电的来源及通信情况。

（5）应说明本工程的施工特点、重点、难点及注意事项。

（6）应说明项目单位和其他相关方对工程施工筹建准备、控制工期和总工期的要求。

施工总布置

（1）施工总布置的规划原则应充分掌握和综合分析工程特点、施工条件、工期要求和工程分标因素，合理确定工程施工总体布置，统筹规划为工程服务的各种临建设施及场地，做到局部和整体布置相协调。

（2）应确定施工总布置方案，生活区宜采用集中布置方式，生产区各类堆场、施工机具停放、机械动力及检修场、混凝土搅拌站宜集中布置。

（3）应明确混凝土总量及供应方式，当交通条件较好时建议采用商品混凝土。当采用自建混凝土生产系统，应提出生产规模、主要设备配置、总体布置、占地面积等内容。

（4）应分析提出工程土石方平衡规划，根据需要提出渣场规划和渣场占地面积，一般情况下不设置渣场。

（5）施工场区总平面布置应说明施工生产区土建、安装及施工办公、生活区的布置情况，说明划分各个区域的位置、功能和用地面积。应提供施工总平面布置图。

施工交通运输

7.3.1 对外交通运输方案

7.3.1.1 应说明场外交通现状、路线状况、运输能力及限制性条件等。

7.3.1.2 光伏发电设备的运输方案宜采用公路运输方案。

7.3.1.3 进站道路应与邻近主干道路相连接，连接宜短捷且方便行车；坚持节约用地的原则，可采用在适当的间隔距离增设错车道的方式降低道路宽度。进站道路长度宜小于3km，道路路基宽度不宜大于5.5m，路面宽度不宜大于4.5m。

7.3.2 场内交通运输方案

7.3.2.1 应说明场内交通现状，包括路线状况、运输能力及限制性条件等。说明检修、施工道路的技术指标及本工程道路修建情况。

7.3.2.2 光伏阵列区道路应以连接箱式变电站为布置原则，地形平坦时可根据需要布置环形道路。道路路基宽度不宜大于5.0m，路面宽度宜为4.0m；道路最大纵坡见本规范2.9节要求；道路最小圆曲线半径可采用15m（特殊情况需根据大件运输方案确定）。优先选用天然建筑材料填筑路面，确需外购时应选用较经济的路面类型；场区无黏土时慎用泥结碎石路面；路面厚度可采用30cm。

7.3.2.3　场内道路需利用已有道路时，应区分改建道路和新建道路的长度和工程量。

工程征用地

（1）应说明项目地区征用地政策，需包含用地范围的确定依据、标准、方法。

（2）应明确项目用地的敏感因素排查情况，并提供场址与敏感因素关系图。

（3）光伏发电站用地面积应符合《光伏发电站工程项目用地控制指标》（TD/T 1075）的相应规定。

（4）工程建设用地应按照永久用地、长期租地和临时用地分类。永久性用地包括升压站/开关站用地、逆变升压单元用地、输电线路塔基、电缆井、硬化道路部分等；长期租地包括光伏阵列、场内施工道路等；临时用地包括临时生活生产设施及仓库用地等。按照此分类进行统计工程用地面积，并说明土地利用属性。

（5）说明本工程永久征地价格、长期租地费用、临时用地费用、青苗补偿费、耕地占用税、土地使用税、植被恢复费等。

主体工程施工

（1）主体施工方案确定时，应确保实现光伏发电功能，保证工程质量和施工安全。并应有利于缩短工期和节约成本。

（2）结合项目的具体情况，提倡应用新材料、新设备、新技术、新工艺，应编写专题施工或技术方案，并应满足相关规范且通过专项审查。例如采用柔性支架、耐候钢、漂浮支架等，需说明其安装方法和控制要点。

（3）土石方开挖应结合施工总布置和施工总进度做好整个工程的土石方平衡，应与水土保持和环境保护措施相结合。开挖出的土石方宜就地利用，减少二次倒运，不应污染环境。

（4）地基处理应按照建筑物对地基的要求，分析地质条件和建筑物结构形式，选择合理的施工方案。

（5）光伏桩基础施工方案应根据桩基形式选择相应施工设备，说明放线和施工要求。

（6）混凝土施工方案应对混凝土拌和、运输和浇筑进行说明，编制钢筋笼制作内容，并及时采取有效养护措施。

（7）应根据不同的光伏支架形式和材料选择合适的安装方式。在盐雾、寒冷、积雪等特殊地区应重视支架安装方案，且不应破坏支架防腐层。

（8）设备安装方案应符合总体设计方案，保证施工安全和工程质量，有利于缩短施工工期，降低施工成本，减少辅助工程量及施工附加量。

（9）应充分考虑特殊条件下的施工预案，应分别对冬季施工、高温施工、雨季施工及夜间施工提出应急方案和措施。

施工总进度

（1）应说明施工总进度设计原则，列出主体工程、对外交通、场内交通及施工临建工程、施工设施等控制进度的因素。

（2）说明施工总进度及关键路线、主要单项工程项目的施工强度，并形成施工总进度计划表（横道图）。

（3）应明确施工总进度的关键路线及主体工程控制进度的因素和条件，提供横道图或双代号网络图。为达到快速建成光伏项目的目标，当直流侧容量小于100MW时，施工总工期不宜大于6个月，当直流侧容量大于100MW时，可适当增加。施工资源供应提供主要施工机械设备汇总表和施工主要经济技术指标表。

附录 各设计阶段基础资料

不同设计阶段应收集光伏发电站及其周边区域的基础资料见表A-1。

表 A-1　不同设计阶段应收集光伏发电站及其周边区域的基础资料

序号	资料内容			联系单位
	前期阶段	可行性研究设计阶段	优化设计阶段	
1	1：50000地形图（场区外延10km）	光伏场址范围内1：2000地形图（场区外延10km不小于1：50000地形图），复杂地形的场址区需测绘1：500地形图，升压站1：500地形图		国土、测绘部门
2	区域电网规划报告			电网公司
3	光伏发电站周边区域气象站历年（近30年）气象资料	光伏发电站周边区域气象站历年（近30年）气象资料；气象站与光伏发电站测光同期资料		气象部门
4	所在区域交通运输条件现状及规划			交通运输部门
5	所在区域土地利用、规划资料；所在区域土地属性分布			国土部门
6	矿产及采空区分布			国土、矿产部门
7	军事设施、电台、机场分布			军事（人武部）
8	旅游、景区保护资料及规划			旅游部门
9	现存已探明文物资料			文物部门
10	区域建设总体规划资料			规划部门

序号	资料内容			联系单位
	前期阶段	可行性研究设计阶段	优化设计阶段	
11	区域光伏发电站规划资料、已有测光数据、太阳资源评估报告和光伏发电站设计资料	工程规划报告和评审意见	工程可行性研究报告和评审意见	发改委（局）、项目公司
12		项目各项支持性文件、专题报告	项目各项支持性文件、专题报告、接入系统批复（审查意见）	项目公司
13	征租地价格、土地使用费率、当地材料（建材）价格、林木等用地的赔偿情况及相关政策			项目公司
14			中标光伏组件、逆变器技术说明书，支架、基础设计资料，运输方案	组件、逆变器厂家

JIZHONGSHI GUANGFU FADIAN GONGCHENG
SHEJI GUIFAN

集中式光伏发电工程
设计规范

责任编辑 畅　舒
座　机　010-63412312
微　信　15001354104

中国电力出版社官方微信

中国电力百科网网址

扫码购买

ISBN 978-7-5198-9456-6

定价：50.00元

上架建议：新能源发电

LUSHANG FENGLI FADIAN GONGCHENG
SHEJI GUIFAN

陆上风力发电工程
设计规范

北京能源集团有限责任公司　组编
北京京能能源技术研究有限责任公司　主编

中国电力出版社
CHINA ELECTRIC POWER PRESS